実務に役立つ
腐食防食の基礎と実践

―土壌埋設パイプライン ISO ポイント解説―

工学博士 梶山 文夫 著

コロナ社

推薦のことば

　畏友梶山文夫博士が本書を上梓されたことは私にとって大きな喜びである。私はこのような著書を長く待ち望んでいた。本書を渇望していた読者は多く，社会に貢献するところ大である。

　本書の特色は同氏が「まえがき」で言い当てておられる。

　インフラ構造体の腐食問題は実務的にはとても大切な分野であるにもかかわらず，正しい知識が流布されていない。また，研究者も少ない。それは異質な学問領域が絡み合っているからである。埋設構造体の腐食現象には，他の分野のそれに比べて「土壌」というきわめて複雑な媒体が関与してくる。この媒体には，物理・化学的な要素の他に，微生物が大きく関与してくる。一つ一つの分野の研究者は多くいるが，総合した研究者は見当たらない。よほどの碩学でないかぎり総合は無理だからである。その意味で，本書の著者は希有な学者といえる。しかし，梶山氏はここにとどまることを潔しとせず，現場に臨むことを率先して行われた。すなわち，この分野に長い実務経験をもっている。したがって，著述の内容は机上論ではなく，具体的である。これだけの重層的な努力の上につくられた本書は後進のバイブルとなるであろう。また，梶山氏につづく著書はこれからも出現しないであろう。

　具体的なインフラ構造体の腐食については，断片的あるいはマニュアルとして書かれた著述は多い。しかし，それらが有効なのはきわめて限られた範囲のみである。しかし，腐食現象は多種多様である。とてもマニュアルだけでは対応しきれない。そのときに多くの技術者は本腰をいれて本書を学ぶことになるであろう。

　「氷山の一角」のたとえがある。目に見える氷山の下には水に没した莫大な氷がある。本書は莫大な基盤の上に打ち立てられた著述である。本書の内容を

味わい，そしてそれを利用するときに尽きせぬ滋味がわき出てくるであろう。
本書の著者にお目にかかりお教えを頂くたびに，いつも心に去来する言葉がある。「高悟帰俗」である。芭蕉の弟子達が俳諧の本質について，師の教えを収集整理して世に出した本に「三冊子」がある。その中に，俳諧の提要は「高くこころをさとりて俗に帰るべし・高悟帰俗」であると，記されている。

　本質を追究してやまない梶山文夫博士の人格は俳諧にも通じるものであろう。

2020 年 7 月

朝倉　祝治

横浜国立大学名誉教授

株式会社ベンチャー・アカデミア代表取締役

ま　え　が　き

　昨今，インフラの腐食対策は喫緊の課題となっている。1964 年の東京オリンピック開催時に大量に建設されたインフラが半世紀以上経過し，腐食を主原因として劣化してきている。建設時，建設のみに目が向き，その後のインフラの維持管理，補修，更新の概念は希薄であったといえる。

　現在，インフラの腐食対策の重要性は叫ばれているものの，高等教育で腐食を教えることはないといっても過言ではない。そもそも腐食を教える講師は，果たして何人いるであろうか。インフラの腐食，なかでも土壌に埋設されたパイプラインの腐食を理解するために適切な教科書がないのが現状である。その理由は，パイプラインの腐食防食は，化学，電気化学，電気工学，さらに土壌が微生物の宝庫ということもあって土壌学，微生物学の広範な分野に跨がるからである。

　2015 年以降，インフラの腐食防食に関する ISO（国際標準化機構）による国際規格化が急ピッチで進んでいる。コーティング材料の高抵抗率化，パイプラインと高圧交流送電線または交流電気鉄道輸送路との並行距離の増大によるパイプラインの交流腐食の発生，が起きていることもその一因である。

　著者は，パイプラインの腐食防食に関する広範な分野の基礎力を身に付ける機会に恵まれ，基礎力をベースにパイプラインの腐食管理および防食関連の実務を，40 年以上行ってきた。また，ISO 国際規格策定活動を 20 年以上担務している。本書は，著者の経験に基づいて執筆されたものであり，以下の特徴を有する。

(1)　土壌に埋設されたパイプラインの腐食防食の基礎から実務までを視野に入れて執筆した。基礎知識の理解は，技術力の習得につながり，間違いのない実務の実行が可能となる。

(2)　本書の発行時点における最新の腐食防食に関わる ISO 国際規格を盛り込んだ。

(3)　目次で初級（印なし），中級★，上級★★と，レベル別に表示した。

　本書の発行によって，必ずや関係各位にすぐ役立つ教科書となるものと確信する。本書により，われわれの貴重なインフラを，長期にわたって安全に使いつづけることにつながれば，著者の望外の喜びである。

　たくさんの方々のご協力によって本書の発行となりました。ここに改めまして関係者の皆様に深く御礼申し上げます。

2020 年 7 月

梶山　文夫

東京ガスパイプライン株式会社 参与

電食防止研究委員会委員長

東京電蝕防止対策委員会委員長

ISO/TC 156/WG 10 日本主査

目　　　次

1 腐食の仕組みと分類

2 直流電食とその防止

3　交流電食とその防止★★

4 自　然　腐　食

5 微生物腐食とその防止★

6 カソード防食

1 腐食の仕組みと分類

　例えば，土壌埋設された水道やガスの配管系の一部に異種金属接触により腐食が発生した場合，その部位を新品に取り替えても時間の問題で，また同じ部位が腐食するであろう。その理由は，新品の取替えは，腐食発生の根本的な原因を取り除いてはいないからである。腐食の再発防止には，腐食に対する正しい理解と理解に基づく腐食対策が必要である。いうまでもなく腐食に対する正しい理解は，新設の配管系の防食設計にも生かされる。ここでは，腐食の正しい理解につながる基礎的な内容について取り扱うことにする。

1.1　腐食防止の重要性

　腐食損失は，操業の停止による直接損失と間接損失がある。構造物が天然ガスを輸送する高圧鋼製パイプラインの場合，腐食によって穿孔に至った場合，輸送物の漏洩による爆発事故，環境破壊の重大な事故となりうる。穿孔に至らなくとも腐食は応力腐食割れの引き金になる。腐食損失額は実質国内総生産 GDP の数 % を占めるといわれている。オーストラリアにおいて，基幹部門と資産の腐食とその劣化の経済効果は，1 年間の GDP の 3% から 5% と見積もられている[1]†。さらに，有用な腐食防止を実施することにより，腐食コストの 15% から 35% は削減可能と考えられている。

　わが国における橋梁，鉄塔，道路，トンネル，水道・石油・ガスのパイプラインなどのインフラは，1964 年に開催された東京オリンピック開催時に急

---

†　肩付数字は，章末の引用・参考文献の番号を表す。

ピッチで建設・敷設され，その後，1970年代にマンション建設ブームが訪れることになった。建設・敷設当時は，何年か後には補修，取り替えが必要になる，という概念がきわめて希薄であったため，その対応は急務であり，いままさにわれわれはインフラ維持管理の真っただ中にいるといってよいだろう。

　腐食は，資産所有者と産業に巨額を負わせつづけている。腐食防止は，人類，資産，および環境を守るために非常に重要なのである。

1.2　腐食とはなにか

　ここでは，鉄の腐食について考えてみる。

　鉄は，鉄と酸素の化合物である自然に存在する鉄鉱石を溶鉱炉で溶かし，還元することで得られる。**図1.1**に示すように，鉄（コーティングのない裸のパイプライン）は，坂の上にある状態から自発反応として水と酸素と結合しながら坂を転がり落ち，ついに安定した地面にたどり着く。たどり着いた状態において，鉄は元の鉄鉱石に戻る。鉄の腐食は，鉄が坂を転がり落ちる現象と同じである。この現象は自然の摂理であり，自発反応である。坂を転がり落ちる速度が鉄の腐食速度となる。

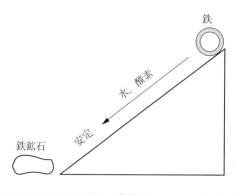

図1.1　鉄の腐食

　ISO 8044:2015によると，**腐食**（corrosion）とは，「金属とそれが置かれた環境との間の自然の化学相互作用で，その結果，金属の特性の変化をもたらすとされ，このことは，金属の機能，環境，または一部をなす技術システムに重

大な損失をもたらすかもしれない。この相互作用は，しばしば**電気化学**（electro-chemistry）の特徴である。」と定義されている[2]。本書で扱う腐食は，少なくとも一つのアノード反応と一つのカソード反応を含む，電気化学的腐食であるとする。電気化学的腐食はいうまでもなく電気化学反応で起こるが，この電気化学反応は，金属と電解質の界面で起こる反応である。アノードは，酸化が起こる電極または金属の場所（サイト）を指し，酸化とは，原子または分子から一つ以上の電子が失われる現象をいう。電極は，電解質に接触するように設置された伝導体で，金属とはかぎらない。電流は電極から電解質へ，または電解質から電極へ流れる。電解質とは，電場で泳動するイオンを含む化学物質を指し，電解質の例として例えば土壌が挙げられる。酸化は必ずしも酸素を伴わないということに注意しなければならない。カソードは，還元が起こる電極または金属の場所（サイト）を指し，還元とは，中性分子またはプラスの電荷を帯びたイオン（以下，カチオンと称する）が一つ以上の電子を獲得する現象をいう。

1.3　腐食反応の構成

　腐食は，**図1.2**に示すように**アノード**（anode），**カソード**（cathode），**電解質**（electrolyte），およびアノードとカソードを結ぶ金属の4要素から構成

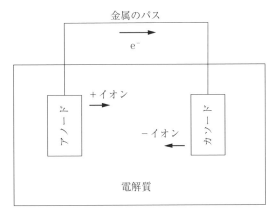

図1.2　腐食電池

される**腐食電池**（corrosion cell）で起こる。

　腐食は，以下に示す五つの要件が満たされて起こる。

(1)　アノードが存在しなければならない。

(2)　カソードが存在しなければならない。

(3)　アノードとカソードは，イオン伝導体である電解質中に存在しなければならない。

(4)　アノードとカソードを結ぶ電解質のパス，すなわちイオン伝導体のパスが存在しなければならない。

(5)　アノードとカソードを結ぶ金属のパス，すなわち電子伝導体のパスが存在しなければならない。例えば，土壌に埋設されたパイプラインであれば，パイプライン自身が電子伝導体のパスとなる。

　アノードの金属からプラスイオンである**カチオン**（cation）が電解質中に溶出し，電子がアノードに放出される。カチオンは電解質中をカソードの方向に泳動し，電子は金属のパスを流れてカソードに到達する。カソードにおいて，水や酸素のような中性分子，または H^+ のようなカチオンが電子を獲得し，OH^- のようなマイナスの電荷を帯びたイオンである**アニオン**（anion）や H_2 が生成する。アニオンは，電解質中をアノードの方向に泳動する。この泳動は，カチオンがカソードの方向に泳動するのと等価である。電解質中のカチオンとアニオンの泳動によって，アノードからカソード方向への電解質中の電流の流れ（カチオンの泳動方向）がつくられる。金属のパス（通路）中のアノードからカソード方向の電子の流れと，電解質中のアノードからカソード方向へのイオンの泳動による電流の流れによって，腐食電池は閉じた回路を形成している。電子の流れる方向は，電流の流れる方向と逆である。そこで，金属（電子伝導体）中の電流の流れの方向は，カソードからアノードになる。一方，電解質（イオン伝導体）中の電流の流れの方向はアノードからカソードとなり，金属のパスの電流の流れの方向と逆になる。

　中性の通常の土壌に埋設された鋼のアノード反応とカソード反応は，以下のとおり，同じ速度で進行する。

アノード反応（酸化反応）：

$$Fe \rightarrow Fe^{2+} + 2e^- \quad （鋼の溶出）$$

カソード反応（還元反応）：

$$\frac{1}{2}O_2 + H_2O + 2e^- \rightarrow 2OH^- \quad （溶存酸素の還元）$$

　　　または

$$2H_2O + 2e^- \rightarrow H_2 + 2OH^- \quad （水の還元）$$

ここで着目すべきは，カソード反応はアノード反応の逆反応ではないということである。アノード反応で溶出した Fe^{2+} は，鋼に戻らないのである。さらに着目すべきは，いずれのカソード反応でも水酸化物イオン OH^- が生成するということである。鋼表面に OH^- が蓄積すると鋼表面はアルカリ性になり，鋼の腐食が抑制される。このことが，後述する鋼のカソード防食の本質である。

　アノードとカソードは，**図 1.3** に示すように異なった金属の場合もあるし，**図 1.4** のように同じ金属上で存在する場合もある。

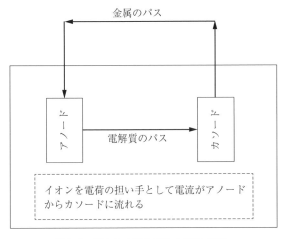

図 1.3　図 1.2 の腐食電池の電流の流れ

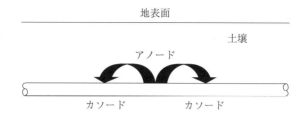

図1.4 土壌に埋設された裸のパイプライン上で形成された腐食電池

1.4 腐食はどのように検知できるか

埋設パイプラインの腐食は，以下の①〜③の計測によって検知できる。

① パイプラインルートに沿った管対地電位の計測

② 管内電流の計測

③ 地表面の2本の照合電極間の電位差の計測

上記三つの腐食検知方法は，後述するパイプラインのカソード防食効果の判定，コーティング欠陥部の検知，他金属体とのメタルタッチ箇所の検知にも用いられる。ここでは，上記の埋設パイプラインの腐食検知の概要について述べる。

1.4.1 金属の腐食電位と管対地電位

管対地電位（pipe-to-soil potential）を理解する前に，まず金属の腐食電位を理解することが重要である。金属片が土壌のような電解質中に置かれると同時に腐食が進行する。このとき，金属/電解質界面において，電位が発生する。この電位こそが金属の腐食状態に対応するものであるが，実測することは不可能である。そこで，**図1.5**に示すように，基準となる照合電極を電解質に設置し，直流電圧計を用いて照合電極と金属との間の電位差を計測する。この電位差は，**腐食電位**（corrosion potential），**開回路電位**（open circuit potential），または**自然電位**（free potential）と称される。

電解質が土壌の場合，通常，照合電極として飽和硫酸銅電極が使用される。

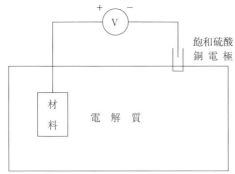

図1.5　腐食電位の計測

図1.6は，飽和硫酸銅電極の構造を示したものである。直流電圧計のマイナス（黒）端子を照合電極に，プラス（赤）端子を材料に接続することによって，直流電圧計の表示値は照合電極に対する腐食電位となる。腐食電位は，ある環境で二つの金属が電気的に導通状態にある場合，どちらの金属が腐食するかを示唆する。

　表1.1は，中性の土壌中および中性の水溶液中の種々の材料の飽和硫酸銅電極を基準とした，典型的な電位を示したものである。この表では，金属のみな

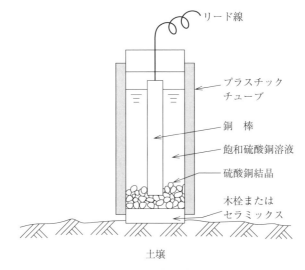

図1.6　飽和硫酸銅電極の構造

表 1.1 中性の土壌中および水溶液中の材料の実際の腐食電池列

金　　　属	電位〔V_{CSE}〕*
炭素，黒鉛，コークス	＋0.3
白　金	0〜−0.1
ステンレス鋼	−0.5〜＋0.3
鋼上のミルスケール	−0.2
高珪素鋳鉄	−0.2
銅，黄銅，青銅	−0.2
コンクリート中の軟鋼	−0.2
鉛	−0.5
鋳鉄（黒鉛化せず）	−0.5
好気性土壌（砂など）中の軟鋼	−0.5〜−0.6
嫌気性土壌（粘土など）中の軟鋼	−0.7〜−0.8
軟鋼（さびあり）	−0.2〜−0.5
軟鋼（光沢あり）	−0.5〜−0.8
商用の純アルミニウム	−0.8
アルミニウム基合金（5%Zn）	−1.05
亜　鉛	−1.1
マグネシウム基合金（6%Al，3%Zn，0.15%Mn）	−1.6
高電位マグネシウム**	−1.75〜−1.77

＊　中性の土壌中および水溶液中の材料が飽和硫酸銅電極（CSE）に対して計測される典型的な電位。
＊＊　ここでいう高電位とは，よりマイナス側の値の電位をいう。

らず防食分野で用いられる炭素も材料として挙げてある。この表は，実際の腐食電池列と称され，電位が上から下に向かってプラス側からマイナス側になるように示してある。各種材料が中性の土壌中および水溶液中で必ず表と同じ値を示すとはかぎらないが，この表は，各種材料の電位の目安として有用である。

1.4.2　管　内　電　流

管内電流の計測は，パイプラインの部分において管内電流を計測し，相隣る^{あいとな}2区分の管内電流の方向と値によって，パイプラインの腐食地点を検知しようとするものである。

1.4.3　地表面の2本の照合電極間の電位差

腐食地点のアノードからは，電解質中に電流（以下，腐食電流と称する）が

流出する。この腐食電流と電解質抵抗との積によって，電解質中に電位勾配ができる。電位勾配は，地中で3次元的に存在するが，電位勾配をある間隔で設置された地表の2本の照合電極の電位差で計測することによって，パイプラインの腐食地点を検知しようとするものである。**図1.7**は，2本の照合電極間の地中電位勾配計測法を示したものである[3]。この図で無成極電極とは，現在，土壌分野を中心に広く用いられている飽和硫酸銅電極を指す。

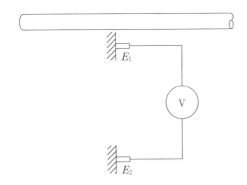

E_1, E_2：無成極電極
V：電圧計（内部抵抗大なる）

図1.7 2本の飽和硫酸銅電極
間の地中電位勾配計測方法[3]

1.5 腐食はどのように防止できるか

腐食電池の形成による電気化学的腐食は，1.3節で示した (1) から (5) のすべてが満たされていないと発生しないので，腐食は (1) から (5) の一つ以上を取り除くことによって防止できるといえる。

埋設されたパイプラインの腐食防止を万全なものとするために，パイプラインに対してコーティング（塗覆装または被覆）と**カソード防食**（cathodic protection）の併用が実施される。

カソード防食とは，金属表面を腐食電池のカソードにすることによって，金属表面の腐食速度を低下させる技術を指す。

1.6　腐　食　の　分　類

1.6.1　腐食原因の解明につながる腐食の分類

　腐食原因を解明するためには，どのような腐食のタイプがあるのかを理解することが重要である。パイプラインは水平方向に長いことから，土壌に埋設されたパイプラインは，土壌そのものの腐食性，土壌中の他のカソード防食された構造物からの干渉，さらに地上の直流・交流電気鉄道の運行，高圧交流送電線の影響を受けて腐食するリスクが他の構造物よりも高い。埋設パイプラインの腐食の分類は，すべての構造物の腐食のタイプを包含するといっても過言ではない。パイプラインの腐食の原因は，決して一つではない。腐食原因は多様であり，複数の腐食原因が重畳して腐食が進行することがあることや，また時間の経過とともに腐食原因が変化することも多い。腐食を分類し，各タイプを理解することは，腐食原因の解明につながるといえる。

　ここでは，埋設パイプラインの腐食の分類を見ていくことにする。

1.6.2　埋設パイプラインの腐食の分類

　図1.8 は，埋設金属体に代表される埋設パイプラインの腐食の分類を示したものである。この図は，腐食の駆動力，現象，原因で分類してあり，概念の統一性はもっていないが，埋設金属体の腐食の全貌を把握するのに役立つ。

　なお，海外の腐食の書籍に埋設金属体の腐食の分類はなく貴重な情報なので，ぜひ参考にしていただきたい。

　埋設パイプラインの腐食は，パイプライン以外の外部と電流のやり取りのある**電食**（**迷走電流腐食**，stray-current corrosion）と，外部と電流のやり取りのない自然腐食とに大きく分類される。電食（迷走電流腐食）は，電流が直流の場合の直流電食（直流迷走電流腐食）と，交流の場合の交流電食（交流迷走電流腐食）とに，さらに分類される。自然腐食は，マクロセル腐食，選択腐食，微生物腐食，ミクロセル腐食にさらに分類される。微生物腐食は，土壌が

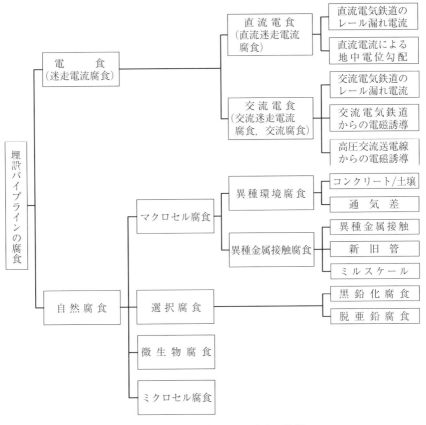

図1.8 埋設パイプラインの腐食の分類

微生物の宝庫であるがゆえの現象である。

　なお，電食は2章と3章で，自然腐食は4章で詳述する。

●コラム：電食を検索するとなんと電飾？

　街の人に電食を知っていますかと尋ねると，ほとんどの人がクリスマスツリーの電飾を連想するであろう。また，パソコンでデンショクを変換するとまずたいていは電飾が出てくるだろう。電食という用語は市民権を得ていないように思われる。本書での防食知識の習得を機会に，電食の意味を正確に理解することが重要である。

【質問 1.1】 電流は，電位の高い地点から電位の低い地点の方向に流れると理解していたが，図1.3の電解質中の腐食電池では，腐食電位のマイナス寄りの（電位の低い）金属から腐食電位のプラス寄りの（電位の高い）金属に向かって電流が流れている。この現象はどのように考えればよいのか？

　[回答]　電流の流れの向きは，どこに視点を置いて判断するかによって決まる。視点を金属である銅線に置けば，電流は腐食電位のプラス寄りの（電位の高い）カソードからアノードに向かって流れる。一方，視点を電解質に置くと，腐食電位のマイナス寄りの（電位の低い）金属から腐食電位のプラス寄りの（電位の高い）金属に向かって電流が流れる。このことは，腐食電池で流れる電流が閉じた回路で流れることを意味する。

【質問 1.2】 腐食がアノード反応とカソード反応で同じ速度で起こるならば，腐食の原因として，カソードがなんであるかを探すことが重要なのではないか？

　[回答]　そのとおり。われわれは，腐食したアノードのみに注目するが，アノードのみを新品に交換しただけでは，抜本的な腐食対策にはならない。カソードがなんであるかを探すことが腐食の再発防止につながるのである。とにかくカソードに注目するのは重要である。

引用・参考文献

1) K.R. Larsen : "The costs of corrosion for Australia's urban water industry, Materials Performance", **54**, 6, pp.19～21 (2015)
2) International Standard : "ISO 8044 Corrosion of metals and alloys —Basic terms and definitions", p.1 (2015)
3) 電蝕防止研究委員会 : "電蝕防止操典", p.97, 昭文社 (1933)

2 直流電食とその防止

　電食（迷走電流腐食）は，1章ですでに述べたとおり，電食を発生させる**電気的干渉**（electrical interference）が直流の場合，直流干渉による直流電食（直流迷走電流腐食），交流の場合，交流干渉による交流電食（交流迷走電流腐食）とそれぞれ称する。本章では直流電食とその防止について，3章では交流電食とその防止について述べることにする。

2.1　電　気　的　干　渉

　埋設された金属パイプラインの干渉電流による腐食である電食は，腐食損傷の原因が他の原因とは異なる。それは，腐食を誘起する電流が，影響を受けるパイプラインに対して外部にあるということである。電食は英語で stray-current corrosion と記される。ISO 8044:2015[1] に stray-current corrosion は，「意図された回路以外の通路を通って流れる電流によって引き起こされる impressed current corrosion」と定義されている。impressed current corrosion は，電流の外部電源の働きによる electrochemical corrosion（電気化学腐食）と定義されている。impressed current corrosion は，現在広く用いられている impressed current cathodic protection（外部電源カソード防食）の反対語であり，電食がカソード防食に適用された経緯を表しているといえる。1957 年に発刊された Romanoff 著の Underground Corrosion[2] において，迷走電流腐食は「Stray-current electrolysis，迷走電流電解」と称されている。現在，わが国の学協会では，電食よりも迷走電流が一般に用いられている。しかしながら，後述するようにわが国は，電食防止を目的とした電食防止研究委員会，および各

地区の電食防止委員会が長い歴史をもって現在も活動していることから，ここでは電食という用語を用いることにする。

2.2 直流干渉源の分類

直流干渉源は，以下の三つに分類される[3][†]。

―直流電気鉄道システムのような変動する電流

―カソード防食システム近傍のような一定電流

―変動する地磁気

ここで，一定電流とは，値が不変の一定電流ではなく，時間変動が小さい電流を意味する。また，地磁気の変動によって電圧が発生し，計測される管対地電位の変化を起こす。わが国において，地磁気の変動現象は考慮しなくてよいと見なされる。直流干渉によるパイプラインの直流電食の兆候は，管対地電位の変化によって把握可能である。

2.3 直流電食の最初の発生

地中インフラの直流電食の最初の発生は，直流干渉源が変動する電流によるものであり，直流電気鉄道の営業開始と密接な関係がある。直流電気鉄道は，牽引力（けんいん）が大きく速度制御が容易な直流電動機を直接駆動できることから，交流電気鉄道より早く発展・実用化された。直流電気鉄道が実用化されたのは，1881 年，ジーメンス・ハルスケ社が，ベルリンとリヒターフェルデ間の 2.5 km に直流 150 V，15 km/h の速度で一般乗客の輸送を路面電車で開始したのが，世界で最初である[4]。その後，1883 年，ドイツ，イギリス，フランスにおいて，多くの都市間をつなぐ直流駆動の路面電車の導入，または営業が開始した。1895 年，アメリカは路面電車の営業を開始し，同年，わが国も，京都市

[†]　全角ダーシ（―）による箇条書きは，基本的に，文献からの引用である。

で最初の路面電車の運行を開始した。

路面電車の営業前に埋設された水道管，鉛被ケーブル，ガス管のインフラが経済発展とともに整備が進んだ。当時の水道管は，継手が電気的に導通状態である裸の鋳鉄管が主流であった。ケーブルに鉛が用いられたのは，鉛が，押出しの容易性，種々の温度における撓み性，疲労亀裂に対する抵抗性を有するためといわれている。地中インフラは，土壌などの電解質と直接接触し，水平方向にかなりの距離，電気的に導通していたと考えられる。路面電車は，架空単線式の併用軌道であり，路面電車のレールは接地されており，レールの接地抵抗は専用軌道よりも低い。路面電車の運行を開始した国々に共通しているのは，運行開始後わずか数年で，地中インフラが深刻な腐食を被ったことである。

2.4　アメリカ標準局による直流電食調査

1910 年，アメリカ議会は，アメリカ標準局（National Bureau of Standards, NBS；現 アメリカ標準・技術機関，National Institute of Standards & Technology, NIST）に，1895 年の直流電気鉄道の営業開始以来発生した地中インフラの電食調査と，可能な緩和方法を委託する予算を充当した[2]。NBS によるフィールドと実験室による電食調査は，約 10 年間に及んだ。1922 年まで，研究は電食とその緩和に限定されていた。この短期電食研究・調査の主導が，NBS に委託された理由は，NBS によってそれまで培った技術によって開発された飽和硫酸銅電極，シャント，電圧計などを用いた電食調査が可能であったことによる。

1916 年，NBS から発表された技術論文[5] は，地中インフラに対する漏れ電流影響度調査の中で，電圧調査（voltage surveys）として以下の三つの計測を挙げている。

1.　全電位計測（over-all potential measurements）
2.　電位勾配計測（potential gradient measurements）

3. パイプ，レールおよび他の導体間の電位差の計測（measurements of potential difference between pipes, rails, and other conductors）

これらの計測および原理は，104年経過した現在も用いられ，これからも用いられるであろう。

全電位計測とは，鉄道システムの最も高い電位地点と最も低い電位地点の電位差を指す。この電位差は，地中またはレールに存在する最大値である。NBSの技術論文において，全電位は地中インフラの電食の源であると記述されている。

電位勾配計測は，レールまたは地中の2点の電位差の計測を指す。2本の飽和硫酸銅電極間の地中電位勾配計測により，例えばパイプから大地に流出する区域，または地点を特定することができる。

パイプとレールとの間の電位差の計測は，やがて排流法による漏れ電流電食防止法へとつながることになった。

電圧調査の他に，パイプと鉛被ケーブル内の**電流計測**（current measurements）などが，この技術論文の中で挙げられている。

2.5　直流電気鉄道システムの電圧降下

1916年，NBSが報告した地中インフラの電食発生源の全電位は，現在の技術で以下のように説明される。ここでいう全電位は，パイプラインの直流電食発生源である直流電気鉄道システムの電圧降下を意味する。

図 2.1 は，架空単線式直流電気鉄道の電線路の構成と，レール対地電位・管対地電位の分布を示したものである。ここで，レール対地電位は，レールと飽和硫酸銅電極との電位差である。

直流電気鉄道の車輪から変電所までの帰線レールを流れる直流電流によって，電圧降下が発生する。そのため，電圧降下範囲内において帰線レールの対地電位が異なり，レールの接地抵抗があるとレールからの漏れ電流が発生する。この漏れ電流は，帰線レール近傍にパイプラインのような金属の地中イン

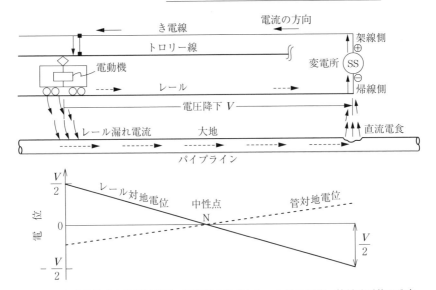

図2.1 架空単線式直流電気鉄道の電線路の構成とレール対地電位・管対地電位の分布

フラがあるとその金属体に流入し，この電流を吸い上げる働きをする変電所とその近傍に金属/電解質界面があると，その地点から漏れ電流が流出して腐食，すなわち電食が発生することになる。このように電圧降下は，地中インフラの電食の発生源ということができ，NBS の技術報告の全電位と同義である。レールの種類が 50 N の場合，ボンドなどを含む単線 1 km の抵抗は 0.020 Ω/km とかなり低いが，レールを流れて変電所に戻る電流 I は 1000〜3000 A と大きい。いま I を 1000 A，抵抗 R を 0.020 Ω/km とすると，レールにおける電圧降下 V は，$V = IR = 1000 \times 0.020 = 20$ V/km となる。すなわち，1 km 当り 20 V となり，電車位置と変電所の距離 L を 3 km とすると，この間の電圧降下は，$20 \times 3 = 60$ V となる。この電圧降下こそが地中パイプラインの直流電食発生源である。2.6 節で述べるように，この場合のパイプラインの直流電食の兆候は，直流電気鉄道通過時の管対地電位の変動によって把握することが可能である。夜間の直流電気鉄道が運行していない時間帯において，管対地電位の時間変動がなければ，パイプラインの直流電食リスクは直流電気鉄道システムによるものと判定される。

2.6 直流電食の評価計測

直流干渉の疑いがある場合，以下の一つ以上の計測を行わなければならない[3]。

—パターン，大きさおよび干渉の種類を把握するため，長期間にわたる管対地電位の計測

—パイプラインに接続されたクーポンの電流の大きさと方向の計測

—パイプラインの中を流れる電流の大きさと方向の計測

—疑いのある干渉電流源の出力電流の変化の大きさの計測

—ER プローブを用いた実際の腐食速度の計算

ここで，ER プローブの ER は electrical resistance（電気抵抗）の略で，質量減少が，物理的特性が既知の金属試験片の校正された抵抗値との比較によって計測され，腐食速度の評価に用いられる。均一腐食の場合，高い精度の腐食速度が得られる。

長期間にわたる管対地電位の計測においては，パイプラインの直流電食の兆候を簡便に把握することは可能であるが，欠陥のないプラスチック被覆パイプラインの場合，パイプラインに接続されたクーポンの電流の大きさと方向の計測を行わなければならない。**図 2.2** は，直流電気鉄道が通過する踏切真下に埋設された，鋼製のポリエチレン被覆パイプラインに接続されたクーポン直流電流密度 $I_{d.c.}$ と，クーポン交流電流密度 $I_{a.c.}$ の 24 時間にわたる経時変化を示したものである[6]。各値の平均値，最大値および最小値が示されている。クーポン直流電流密度の極性は，直流電流が電解質からクーポンに流入する場合プラスに，直流電流がクーポンから電解質に流出する場合マイナスとしている。直流電気鉄道が通過しない 00:00 から 05:30 までは $I_{d.c.}$ と $I_{a.c.}$ の変動は小さいことがわかる。ときどきクーポン直流電流密度がマイナスの場合が，すなわちクーポンにアノード電流が見られる場合がある。計測されたアノード電流が許容可能か否かは，例えばクーポンの質量減少の計測で判定される。

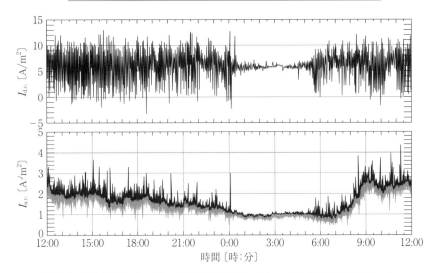

図 2.2　踏切真下のクーポン直流電流密度 $I_{d.c.}$ とクーポン交流電流密度 $I_{a.c.}$ の 24 時間計測結果[6]

2.7　変動する電流の直流干渉源によるパイプラインの直流電食

　変動する電流の直流干渉源によるパイプラインの直流電食の例として，前述した図 2.1 に示すように，直流電気鉄道システムのレール漏れ電流の流出入があるパイプラインが挙げられる。

2.8　一定電流の直流干渉源によるパイプラインの直流電食

　2.2 節で述べたように，一定電流の直流干渉源による直流電食の例として，カソード防食システム近傍のパイプラインが挙げられる。

　図 2.3 は，外部電源アノード近傍に埋設されたパイプラインが電気的干渉，この場合，直流干渉を受けている状況を示したものである。外部電源アノードからは，カソード防食対象のパイプラインに直流電流の防食電流が流れるが，外部電源アノード近傍の他のパイプラインがアノードから流れる電流によって

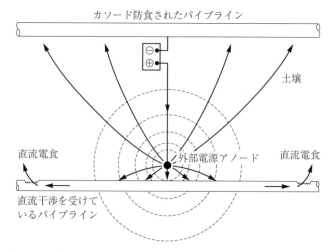

カソード防食されたパイプライン

土壌

直流電食   外部電源アノード   直流電食

直流干渉を受けて
いるパイプライン

図2.3 外部電源アノード近傍の直流干渉を受けているパイプライン

生成する地中電位勾配の中にあると，アノードからの電流は外部電源アノード近傍の他のパイプラインにも流れ，アノードから離れた地点で電流が土壌に流出する直流電食リスクが発生する。図2.3において，直流干渉を受けているパイプラインの管対地電位はプラス寄りの値を，外部電源アノード近傍のパイプラインの管対地電位はマイナス寄りの値を示す。外部電源アノードのオフ状態のときの管対地電位がアノードのオン状態のときにどれだけプラス側にシフトしたかによって，直流干渉が許容可能か否かの判定が可能となる。

2.9 直流干渉の許容レベル

2.9.1 カソード防食されていないパイプライン

表2.1は，BS EN 50162:2004に記述された，カソード防食されていない埋設または浸漬された金属構造物に対する，許容できるプラス側電位シフト ΔU を示したものである[7]。ここで，BSはBritish Standardで英国規格，ENはEuropean Normで欧州規格の意味であり，BS ENは，英国規格が欧州規格になったことを表す。

表2.1 カソード防食されていない埋設または浸漬された金属構造物に対する許容できるプラス側電位シフト $\Delta U^{7)}$

金属構造物	電解質抵抗率 ρ〔$\Omega \cdot m$〕	最大プラス側電位シフト ΔU〔$m \cdot V$〕（IRドロップを含む）	最大プラス側電位シフト ΔU〔$m \cdot V$〕（IRドロップを除く）
鋼，鋳鉄	$\geqq 200$	300	20
	$15\sim200$	$1.5 \times \rho*$	20
	< 15	20	20
鉛	－	$1 \times \rho*$	－
埋設されたコンクリート構造物中の鋼	－	200	－

ISO 15589-1:2015によると，迷走電流によって誘起される IR ドロップ（6.3.3項参照）を含むカソード防食されていないパイプラインに対する最大許容されるアノードシフトは，以下のように電解質抵抗率に従って規定されている[3]。

—鋼および鋳鉄に対して

—200 $\Omega \cdot m$ 以上の電解質抵抗率では300 mV

—15 $\Omega \cdot m$ と 200 $\Omega \cdot m$ の間の電解質抵抗率では電解質抵抗率の1.5倍

—15 $\Omega \cdot m$ より低い電解質抵抗率では20 mV

—コンクリート中の鋼では200 mV

ISO 15589-1:2015とBS EN 50162:2004は，同じ許容アノードシフト量である。

2.9.2 カソード防食されているパイプライン

ISO 15589-1:2015によると，カソード防食されているパイプラインに対して，カソード防食基準範囲が維持されているのであれば，アノードシフトは許容されるとしている[3]。

2.10 直流電食防止の変遷

2.10.1 直流電気鉄道システムの電圧降下の規定

直流電気鉄道システムにより最初に発生した地中インフラの直流電食は，い

かに防止されたのであろうか。地中インフラの電食発生源が電圧降下なので，電食防止として，まず電圧降下を低くすることが必要である。鉛被ケーブル，鋳鉄の水道管およびガス管のような地中インフラが，路面電車の運転開始から数年で電食が発生したことから，1900年の初頭，各国で電圧降下が規定された[8]。

例えば，スペインは，1900年3月23日の法令により電気鉄道帰線の電圧降下に関し，「軌道内に生じる全電圧降下を7V以下とすること」という規定が設けられた。

フランスは，1911年3月21日発令の政府の法令により，「帰線中の任意の2点間に生じる全電圧降下は1kmにつき1V以下であること」が規定された。

イギリスは，1920年9月の改正で，「最大負荷時における20分間の平均電流に対し，帰線内任意の2点間の電圧降下は7V以下とし，自動的にその値を記録しなければならない」ことが規定された。

わが国は，2017年8月1日付けの電気設備の技術基準の解釈第209条六で，「帰線のレール近接部分において，当該部分に通じる1年間の平均電流が通じるときに生じる電位差は，次に掲げる条件により計算した値が，その区間内のいずれの2点間においても2V以下であること」が規定されている。

電圧降下を低くするために，レール抵抗を低くする努力がなされた。具体的な例として，レールボンドの溶接技術の向上による抵抗低下が挙げられる。漏れ電流が地中インフラに流入しないようにするためには，レールの接地抵抗を高くすること，さらにはレールを接地しないことが必要である。

2.10.2 アメリカにおける電食とその防止

1895年のアメリカの路面電車の営業開始より発生した地中インフラの激しい短期腐食が，直流電気鉄道によるものとする疑念が抱かれた。路面電車レールの低い接地抵抗，レールの不十分な接合，場合によっては接合の欠如から，変電所から供給された直流電流がレールを帰流する以外に大地に流れ，この電流がレール近傍の地中インフラの短期腐食と関係することが明らかになった。

レールから大地に流れる電流を，いつしか関係者の間で**漏れ電流**（leakage current）と称されるようになった。

1910年，漏れ電流による地中インフラの腐食防止方法として，直流電気鉄道の帰線レールと地中インフラを導線でつなぐパイプ排流（pipe drainage）が推奨された。当時，パイプ排流は，カソード防食システムと称された[2]。

直流電気鉄道システムの電圧降下のプラス地点から大地を流れる電流が埋設金属体に流入すると流入地点が防食され，さらにこの流入電流が金属体を流れ，この電流が電圧降下のマイナス地点近傍の金属体から大地に流出させないために，電圧降下のマイナス地点近傍の金属体と地中のマイナス地点を導線結合する排流法を用いることが考えられた。現在の外部電源カソード防食システムである。本システムの直流電源装置（変圧器/整流器）は，直流電気鉄道帰線レールの電圧降下に相当する。

地中インフラの電食を防止するためには，インフラ材料を鉄系からポリエチレンのようなプラスチック系に変更するか，あるいは現在の外部電源カソード防食システムを適用するか以外にはないものといえる。

1930年代と1940年代の間において，外部電源カソード防食システムは，正当な腐食防止方法として確固たるものとなった。この背景には，現在，カソード防食の父と呼ばれているKuhnによって1933年に提案された，防食電位 − 0.850 V$_{CSE}$（飽和硫酸銅 CSE 電極基準）の提唱にあると考えられる[9]。NBSによる飽和硫酸銅電極の考案，塗覆装の開発が，この提唱に大きく貢献し，支えている。Kuhnは，高抵抗率塗覆装が施された溶接鋼管約10マイルに対して，外部電源カソード防食システムを適用した。電源は，定格10 A，10 Vのバッテリーで，アノードは廃パイプであった。

2.10.3　アメリカ以外の諸外国における電食とその防止[2]

多くの地中インフラの精力的な電食研究が，アメリカのみならずドイツ，イタリア，フランス，イギリスの国々を中心にパイプラインと鉄道の保有者，政府機関によって行われた。

ドイツにおいては，すでに 1910 年，電解（電食）の研究報告において，電解は激しいものであると断定している。1910 年から，他の埋設金属体に対する被害を抑えるため，レールと大地間の電位勾配を制限すること，およびパイプシステムに対する電気排流を禁止することによって，迷走電流電解が規制された。

イギリスにおいては，1912 年，商務省が迷走電流電解（電食）の調査結果により，電車レール建設を管理する法規を決定した。

オーストラリアにおいては，いくつかの組織が迷走電流電解（電食）のみならず，土壌腐食と保護性塗覆装の広範囲な調査を行い，その結果は 1937 年と 1943 年の NBS 会議において発表された。

2.10.4　わが国における電食とその防止

図 2.4 は，わが国の電気鉄道の歴史，送電電圧および埋設金属体の材料・電食対策の変遷を示したものである。以下に，わが国における電食とその防止法について述べる[10]。

1895 年，最初の電気鉄道の営業運転が，直流 500 V の架空単線式の路面電車によって開始された。この電気鉄道は，アメリカで実用化された架空単線式路面電車の技術を導入したものである。1895 年以降，わが国の直流電気鉄道は，架線構造が簡単で故障が少ないこと，電車への供給線中の電圧降下および電力損が少なく経済的で高速運転に適していることから，大部分架空単線式を採用している。1895 年の最初の電気鉄道の営業運転後，1904 年の蒸気鉄道の第 1 号の電化，1925 年以降の直流電気鉄道の 1500 V の標準電圧化とともに，架空単線式の直流電気鉄道のキロ数は，年々増大することになった。

レール近傍に埋設金属体があると，レール漏れ電流が金属体に流入し，流出する部位に電食が発生する。電気鉄道の発達と同期して，1897 年，通信ケーブルとして鉛被ケーブルが導入され，1910 年ごろ，電力ケーブルとして鉛被ケーブルの敷設開始，鉛給水管，片状黒鉛鋳鉄管を主力とした水道管・ガス管のインフラの埋設距離が年々増大した。これらインフラの埋設金属体は，継手

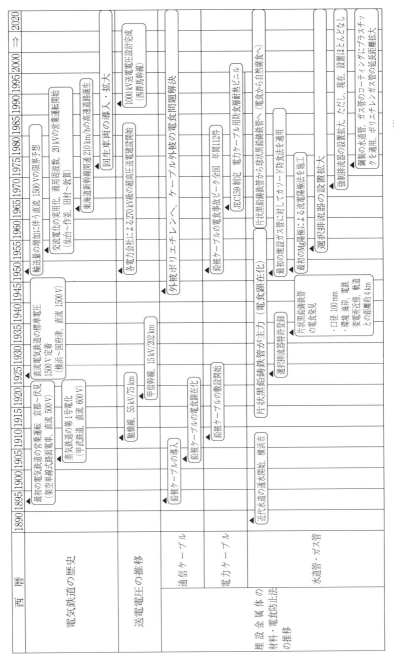

図2.4 わが国の電気鉄道の歴史, 送電電圧および埋設金属体の材料・電食防止法の推移[10]

が電気的に導通しており，かつ塗装に十分防食機能がなかったため，埋設金属体にレール漏れ電流の流出入が発生することになった。このように，架空単線式直流電気鉄道キロ数の経時的増大，および導通継手の金属体（通信・電力鉛被ケーブル，水道管・ガス管）の埋設距離の経時的増大が，直流電気鉄道のレール漏れ電流による埋設金属体の電食をもたらすことになった。

以下に，通信・電力鉛被ケーブルおよび水道管・ガス管の二つを対象として，その電食の発生と防止方法について述べる。

〔1〕 通信・電力鉛被ケーブル

（a）電食の発生　　鉛被ケーブルは，土壌に埋設および留水に浸漬されている場合が多いので腐食するが，その腐食の大半は直流電気鉄道のレール漏れ電流による腐食であった。1922年，変電所構内に埋設された11000 V電力ケーブルが，電食により埋設後5年で障害が発生したことが報告されている[8]。また，1926年秋ごろ埋設された通信ケーブルが，直流電気鉄道のレール漏れ電流により，3年を経ずして傷害を起こしたことが報告されている[8]。

（b）電食の防止対策　　電食防止対策として，当初は防食塗装および絶縁接続法が採用された。防食塗装には，絶縁性塗装と導電性塗装がある。

電食防止を目的とした絶縁性塗装には，電場における耐久性の確認が必要であった。1933年，Beck[11]は，ガス鉄管の表面に種々の絶縁性塗装を施して地中に埋設し，数Vの直流を印加し，これをアノードとして約200の実験を行った。その結果，ビチューメン系塗装の成績がよいことが明らかになった。この他，防食塗装のために用いられるものとして，ゴム，パラフィン混和物，塩化ゴム，アスファルトなどが挙げられ，これらのあるものはジュート，綿布，フェルトに湿潤して用いられた。Beckの成果は，わが国で活用された。絶縁性塗装としてのケーブルに塗装されたアスファルト含侵ジュートは，ケーブルが水中に浸漬された箇所で，長年月にわたって十分防食の目的を達成した実績があった。絶縁性塗装における小さな亀裂の発生を防止することは困難で，ひとたび小さな亀裂が発生すると，管に流れるレール漏れ電流がこの部位に集中して大地に流出し，絶縁性塗装がない場合よりもかえって穿孔に至る時間が短

くなる点に注意しなければならなかった[8]。絶縁性塗装単独では，諸外国にお
けるほど利用されなかった。

　通信の鉛被ケーブルに対して，1934年に発明された導電性塗装[12]による防
食法が導入された。導電性塗装に関しては，ケーブル鉛被上に過酸化鉛を主成
分とした導電性塗装を施すことで，良好な防食効果を上げたことが報告されて
いる[13]。管を流れるレール漏れ電流は，この導電性塗装表面から大地に流出す
るが，過酸化鉛は不溶性のため，塗装自体は電食被害を受けなかった。

　ケーブルの継手またはある間隔ごとに電気的絶縁を施し，ケーブルの電気抵
抗を高くしてケーブルに流入するレール漏れ電流を減少させ，ケーブルの電食
を防止する絶縁接続法も適用された。しかしながら，**図2.5**に示すように絶縁
接続の挿入位置を誤ると，絶縁接続前後のレール漏れ電流の流出入電流密度を
大きくし，かえって局部腐食速度を増大させるので，絶縁接続の位置は慎重に
しなければならなかった[8]。絶縁接続法は，しだいに直接排流法，選択排流法
に取って代わられることになった。

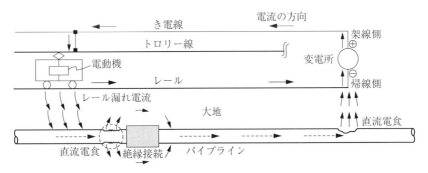

図2.5　パイプラインの絶縁接続の前後におけるレール漏れ電流の流出入[8]

　直接排流法は，大地に対する埋設金属体電位のプラス側の箇所を変電所近傍
のマイナス極またはレールと直接導線（排流線と称する）で接続することによ
り，埋設金属体に流入したレール漏れ電流を変電所近傍のマイナス極または
レールに流すことにより，電食を防止するものである。ただし，現在，直接排
流法は金属製地中管路とレールを直接導線で接続する方法をとるため，逆流に

より金属製地中管路の電食をかえって促進させる場合がありうることから，電気設備の技術基準の解釈には規定されていない。

1923年，当時逓信省（大日本帝国憲法下で存在した郵便や通信を管轄した中央官庁）に属した唯一の電気に関する総合研究機関で，かつ最大の国立研究所であった電気試験所の密田良太郎博士により，電解式アルミニウム整流器を用いた選択排流器が発明された。密田良太郎博士は，電食防止研究委員会の初代委員長であった。選択排流法は，**図2.6**に示すように，直接排流法の排流線に一方向の電流しか流さないダイオードを内蔵する，選択排流器を挿入したものである。選択排流器は，管対レール電位差が設定値を超えたら，埋設金属体から変電所近傍のマイナス極または変電所近傍のレールの一方向のみに流し，逆方向の電流は阻止する装置である。

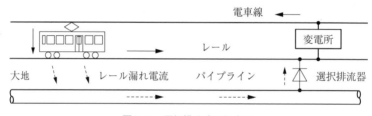

図2.6　選択排流法の概念図

1926年，この選択排流器の現場実績調査が鉄道省碓氷電化区間において行われた。その結果，排流線の接続点より3km離れた地点まで直流電食電流を相当減少できるという，きわめて顕著な効果が得られた[13]。この顕著な電食防止効果により，選択排流器は次第に通信鉛被ケーブルに採用され，ついで電力鉛被ケーブルおよび水道管に採用されるようになった。1924年から1973年まで，わが国から14件の選択排流器に関する特許および実用新案が公告されており，また，1934年，堀岡らは「選択排流法の広き利用に到っては本邦独特といってよい。」と述べている[14]。このように，わが国の選択排流法に関する技術は，電食防止に多大な貢献をしたといえるだろう。電食対策としての選択排流法は，その優れた効果により，それまでの絶縁接続法から選択排流法に代わっていくことになった。なお，現在，選択排流器は電気特性に優れるシリコ

ンを用いた半導体式となっている。

　その後，金属体とレールとの距離が長く，選択排流法が不適な場合，低電位金属体の接続埋設がとられた。この方法は，現在の流電陽極カソード防食システムである。鉛をカソードとし，接地導体であるアノードとしては亜鉛板またはアルミニウム板が用いられた。中性土壌中と水中において，鉛の自然電位（このシステム採用時，特有電位と称された）は，$-0.5\,V_{CSE}$ に対して，亜鉛は $-1.1\,V_{CSE}$，アルミニウムは $-1.05\,V_{CSE}$ なので，鉛とアノードとの電位差は $0.55〜0.6\,V$ と小さい。そこで，防食対象の有効範囲が小さいという問題があった。しかもアノードは，大地より電流を吸収しない地域を選定し，かつそのアノードの接地抵抗をできるだけ低くしなければならないという問題もあった。

　この問題を解決するために，強制排流法（現在の外部電源カソード防食システム）が適用された。強制排流法は，地下埋設金属体から大地に流出するレール漏れ電流を打ち消すため，直流電源を使って強制的に陽極接地体から金属体に直流電流を流入させる方法である。直流電源としては，二次電池，交流を一次とする整流装置，あるいは直流発電機などを使用し，陽極接地体としては，鉄管，金属板またはグラファイト板などが用いられた[8]。強制排流法は，1935年に通信鉛被ケーブルの電食の防止対策として採用された[8]。

　1945年ごろ，通信鉛被ケーブルはポリエチレン外皮となり，通信鉛被ケーブルの電食問題は解決の方向に向かうことになった。

　1964年，電気学会電気規格調査会標準規格 JEC-159 制定により，154 kV までの紙絶縁電力ケーブル金属シースの防食層にクロロプレン，塩化ビニル，ポリエチレンから成るプラスチック電力ケーブル用防食層が導入され，1964年以降，電力ケーブルに対して電食問題はなくなった。

〔2〕　**水道管・ガス管**　　電蝕防止操典に，水道鉛管，およびガス鋳鉄管と鋼管の電食例が記述されている[8]。以下これを基に，水道管・ガス管の電食について，発生，防止，防止実例の三つに分けて記載する。

（**a**）　**電食の発生**　　1930 年に埋設された水道鉛管において，埋設後 3 年足らずで激しい電食が発生したことが記述されている。

また，口径 100 mm で表面はコールタールが塗布され，継手は溶鉛が充填されていた片状黒鉛鋳鉄のガス鋳鉄管では，黒鉛化腐食していたことも記載されている。ガス管は海岸に埋設され，直流電気鉄道の変電所に近く，軌道との距離は約 4 m であった。腐食は，鋳鉄管延長約 60 m および分岐管口径 37 mm の鋼管 2 条のほとんど全面にわたり，発生した。なお，埋設年数は不明である。

（**b**）　**電食の防止**　　水道管・ガス管の材料には，通信・電力ケーブルの材料である鉛以外に片状黒鉛鋳鉄と鋼があるが，水道管・ガス管の電食防止対策については，電食の発生が先行した通信・電力鉛被ケーブルに採用された。

1935 年ごろ，水道・ガス鉄管の電食防止対策として，鉛被ケーブルに採用された絶縁紙をガス管用の鋼管上に二重巻きし，防食混和物を含侵させる方法が採用された。

絶縁接続法として，1935 年時点で，ガス鉄管に対して管の十数本ごとに 1 本の asbestos cement 管を接続する方法があった。

1950 年，ガスの長距離輸送が必要となり，それまでの鋳鉄管（最大圧力 1 kg/cm^2（0.1 MPa））ではガス輸送が不可能であったため，鋼管溶接施工が行われた。このガス無漏洩（ろうえい）の工事実績により，翌 1951 年，ガス管に最初の選択排流器が設置された。ガス管に対する選択排流器の設置は，すでに設置された通信・電力鉛被ケーブル，水道管に遅れたが，その後，増大するガス管の電食対策として選択排流器の設置数が著しく増加した。

水道管・ガス管に対する低電位金属体の接続埋設に関する記述はない。

通信・電力ケーブルにプラスチック材料を導入したことにより，鉛被ケーブルの電食の問題はなくなったが，経時的に埋設距離の伸びた鋼製の水道管・ガス管については，依然として電食の問題が残った。この問題解決として，絶縁性塗装＋強制排流法が採用されるようになった。鋼管表面の絶縁性塗装が，鋼管の土壌との接触抵抗（接地抵抗）を相当高くすることで，鋼管に対する流入電流密度の減衰が小さくなり，防食範囲が大きくなったからである。通信・電

力鉛被ケーブルで採用された防食範囲が小さい低電位金属体の接続埋設に代わって，特に面的に網目状で長距離埋設された水道管・ガス管に対して，絶縁性塗装＋強制排流法は非常に効果的となった。

1960 年ごろより，それまでの片状黒鉛鋳鉄管に代わって絶縁継手の球状黒鉛鋳鉄管になり，電気的導通の埋設距離が短くなったことでレール漏れ電流の流入確率が低くなったため，鋳鉄管は電食から自然腐食に移行したと見なせる。なお，鋳鉄管は，圧力の低い水道管・ガス管に採用されている。

1965 年ごろから，選択排流器では防止できない電食防止が必要となった。これは，レール対地電位のプラス値が大きく，レール付近で埋設パイプラインへ流入した電流がレールから遠く離れたエリアで埋設パイプラインから流出し（ここでは，これを押出し型の電食と称する），流出地点が電食する場合の防止対策である。その対策として，埋設パイプラインと帰線を結ぶ回路に直流電源を挿入し，排流を促進する現在の強制排流法を試験的に採用し，電気鉄道が信号軌道回路に与える影響などに問題がないことをその試験実績で積み重ねることで，本格的に導入されることになった。強制排流法の導入の背景には，当時，わが国が高度経済成長期にあり，鉄道電化キロ数，および埋設された水道管・ガス管などの埋設距離が年々増加したことによると思われる。しかしながら，強制排流法は，レールから流出する電流により他の埋設金属体の干渉リスクを高めるため，現在，新設はほとんどないのが現状である。

Kuhn が防食電位 − 0.850 V_{CSE} を提案した翌年の 1934 年，堀岡らは，アメリカで腐食防止法として好成績を上げた外部電源カソード防食システムを取り上げ，このシステムが今後，ガス・水道鉄管の腐食防止として重要なものになる，と予測した。堀岡らの予測どおり，現在，外部電源カソード防食システムは，埋設金属体の自然腐食，直流電食，さらには交流電食の防止対策として，最も有効であることが認められている。

（c）　電食の防止実例

実例 1）　水道管の直接排流による電食防止実例[14]　　八幡市において，1929 年に埋設された鋼管に，1931 年以後数回にわたって電食による障害が発生し

た。その後，1932 年 12 月，直接排流実施後，障害は発生しなくなった。

実例 2)   ガス管の選択排流法による電食防止実例[15]   直流電気鉄道の市街電車の変電所から約 700 m 離れたところを始点として，レールに平行して約 2 km，さらにレールに直角に曲がって約 2.5 km 歩道に埋設された 150 mm アスファルトジュート食が予測されたため，管路に沿って管対地電位を計測した結果，穿孔地点で + 106〜 − 394 mV$_{CSE}$ とプラス側の値を示し，始点から 2 km 付近でパイプラインに流入したレール漏れ電流が市電変電所方向に流れ，穿孔地点でパイプラインから土壌中に流出していることが判明した。穿孔地点は管対地電位がプラス側の値を示していたこと，および市電変電所の位置から近かったことから，電食対策として，選択排流法の適用を検討した。管対レール電位を計測した結果，0.5〜5.5 V で常時管の電位がレールの電位よりも高く，かつ選択排流器のダイオードが順方向に動作する値であったので，十分排流効果が期待された。そこで，150 A Si 選択排流器を設置し，最終的に排流電流の最大値 85 A，平均値 40 A で，穿孔地点近傍の管対地電位は − 674〜 − 3274 mV$_{CSE}$ とマイナス側の値になり，安全な状態維持が可能となった。なお，原論文において電位は飽和甘こう電極基準であったが，これを飽和硫酸銅電極基準に換算して記載した。

2.11   直流回生ブレーキ車両によるパイプラインの直流電食および過分極リスクの発生とその防止

2.11.1   直流電食および過分極リスクの発生

現時点において，管理レベルの高いパイプラインは，ポリエチレンのような高抵抗率のプラスチックで被覆され，カソード防食される。また，1970 年代中ごろから，省エネルギーの観点から回生ブレーキ車両が導入されている。IEC 60050-811 は，**回生ブレーキ**（regenerative braking）を「electro-dynamic braking in which the energy produced by the motors is fed into the line or into energy storage devices (batteries, flywheels, etc.)，（モータによって生み出され

たエネルギーが電線またはエネルギー貯蔵装置（バッテリー，はずみ車など）に送られる電気動力のブレーキ）」と定義している[16]。回生ブレーキは，主電動機を発電機として動作させ，車両の運動エネルギーを電気エネルギーに変換し，他の力行中の電気車に電力を供給する，または変電所に電力を戻すことによってブレーキ力を得るものである。

図2.1に示したように，電車位置からレール漏れ電流が発生し，この電流がパイプラインに流入してパイプラインから変電所近傍のレールに戻ることで，変電所近傍のパイプラインの腐食が誘起された。しかし，直流回生ブレーキ車両導入後，状況は変化した。

図2.6は，踏切を通過する直流回生ブレーキ車両が力行車両に電力を供給する際に発生する，踏切真下のパイプラインの腐食リスクの発生状況を示したものである。**図2.7**は，踏切を通過する力行車両が直流回生ブレーキ車両から電力を供給されることによって発生する，踏切真下のパイプラインの過分極リスクの発生状況を示したものである。力行車両位置または直流回生ブレーキ車両位置のレールから発生するレール漏れ電流によって生じる地中電位勾配をパイプラインが通過することにより，踏切真下のパイプラインに腐食リスクと過分極リスクが誘起されることになる。この現象を踏切部のレール側から見ると，パイプラインに腐食リスクがある場合，レール対地電位はマイナスに，パイプ

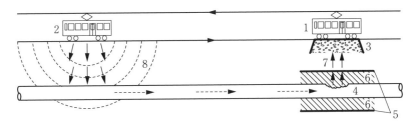

1	直流回生ブレーキ車両	2	力 行 車 両
3	踏 切	4	パイプライン
5	ケーシングパイプ	6	電 解 質
7	腐食電流/過分極電流	8	等 電 位 面

図2.7 踏切を通過する直流回生ブレーキ車両が力行車両に電力を供給することによって発生する踏切真下のパイプラインの直流電食リスク

ラインに過分極リスクがある場合，レール対地電位はプラスになり，回生ブ
レーキ車両の通過とともにレール対地電位は，極性を反転しながら大きな変動
を示す。図2.7と図2.8の半球状の点線は，レール漏れ電流によって生じる等
電位面である。なお，踏切真下のパイプラインは荷重を緩和するため，ケーシ
ングの中に敷設される。パイプラインとケーシングとの間には，パイプライン
に防食電流を供給するため，モルタルなどの電解質が充填される。

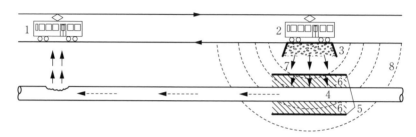

図2.8　踏切を通過する力行車両が直流回生ブレーキ車両から電力が供給されることに
　　　よって発生する踏切真下のパイプラインの過分極リスク（1〜8は図2.7と同じ）

2.11.2　直流電食および過分極リスクの防止

　地中インフラの直流電食発生源は制御が不可能なので，直流電食防止は直流
干渉を受ける側で実施しなければならない。直流電気鉄道の回生ブレーキ車両
によるプラスチック被覆パイプラインの直流電食リスクの防止例として，クー
ポン直流電流密度制御型外部電源カソード防食システムを述べる[17]。

　図2.9は，踏切下のクーポンの直流電流密度を一定値に制御する外部電源カ
ソード防食システムを示したものである[17, 18]。本システムを適用する前に，
クーポン交流電流密度が許容レベルであることを確認する必要がある。許容レ
ベルに合格しなければ，交流誘導低減器などを設置する必要がある。パイプラ
インのクーポン直流電流密度が設定値より大きくなったら変圧器/整流器をオ
フにし，逆に設定値より小さくなったら変圧器/整流器からの出力電流を大き
くする。

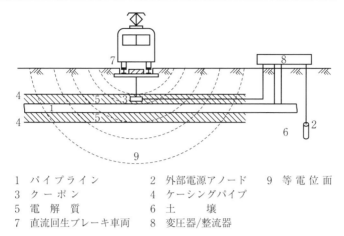

1　パイプライン　　　　　2　外部電源アノード　　9　等電位面
3　クーポン　　　　　　　4　ケーシングパイプ
5　電解質　　　　　　　　6　土　　壌
7　直流回生ブレーキ車両　8　変圧器/整流器

図 2.9 クーポン直流電流密度制御型外部電源カソード防食システム[17), 18)]

図 2.10 は，クーポン直流電流密度の 1 箇月間にわたる平均値，最大値および最小値のモニタリング結果を示したものである。クーポン直流電流密度がプラス値のとき，電解質からクーポンに電流が流入していることを意味する。設定値は，1 A/m² であった。1 箇月間にわたり，クーポン直流電流密度はプラス値を示し，設定値に制御されたことがわかる。

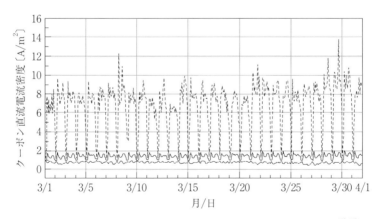

図 2.10 クーポン直流電流密度の 1 箇月間にわたるモニタリング結果[17), 18)]

2.12 車両基地近傍に埋設されたパイプラインの直流電食 リスクの発生とその防止

　図 2.11 は，直流電気鉄道の車両基地近傍に埋設されたパイプラインの直流電食リスクの発生を示したものである。この図では，車両基地内で転削作業が行われている例である。車両基地内に直流電気鉄道が入庫すると，帰線自動開閉装置が作動することにより，車両基地内のレールから漏れ電流が流出することはないが，逆にパイプラインに流入したレール漏れ電流が，土壌から車両基地内のレールに流入するのを防止することはできない。転削作業は低接地の転削盤がレールと電気的に導通しているため，大地から車両基地内のレールに電流が流れやすくなる。車両基地の真下に埋設された裸のパイプラインまたはコーティングパイプラインであれば，コーティング欠陥の直流電食リスクが発生する。図 2.11 では，腐食電流を大きな黒矢印で示してある。

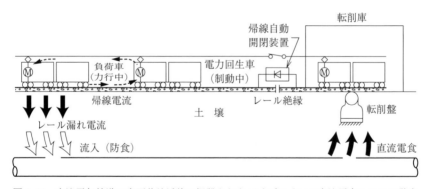

図 2.11 直流電気鉄道の車両基地近傍に埋設されたパイプラインの直流電食リスクの発生

　電食リスクを低減するためには，車両基地内の作業時にパイプラインの管対地電位を計測し，場合によっては外部電源カソード防食システムの設置を検討する必要がある。パイプラインがプラスチック被覆されているのであれば，クーポンを車両基地の真下に設置し，クーポン直流電流密度の値を計測評価する。

2.13　電食防止委員会の設立

電食防止は，地中インフラ保有者単独で解決できるものではない。鉄道事業者，他の外部電源カソード防食システム管理者を含む，関係者全体の協力によってはじめて解決される。

2.13.1　アメリカにおける電食防止委員会の設立[18), 19)]

1917 年，オマハ電食防止対策委員会が設立された。アメリカで最初に設立された電食防止委員会である。背景に，第 1 次世界大戦中（1914〜1918 年），多くの地方自治体で急速に拡大した路面電車の運行が，地中インフラの激しい電食を誘起したことにある。12 の会社から成り，電気鉄道と埋設鉛被ケーブル・パイプラインの保有者が協同で電食問題に対処した。

2.13.2　わが国における電食防止委員会の設立

わが国においては，1933 年に設立された電食防止研究委員会が電食防止研究活動を行っている。電食防止対策委員会は，1948 年に設立された関西電食防止対策委員会が最初で，現在，各地区に東京電蝕防止対策委員会，中部電食防止委員会，中国電食防止対策委員会および新潟電蝕防止対策協議会の計五つが，電食防止を目的に活動している。

―― 💭コラム：直流腐食のあれこれ ――

　直流回生ブレーキ車両が導入される前は，運行している電車の真下のパイプラインはレール漏れ電流の流入により防食され，安全区域であった。しかしながら，直流回生ブレーキ制動車両導入後，運行している電車の真下のパイプラインは，直流電食と過分極リスクが発生する危険区域となったのである。

　技術の進歩は，皮肉なことにいいことばかりではない例である。確実なパイプラインのカソード防食が必須である。

【質問 2.1】　管厚 100 mm のコーティング鋼管において，1 cm² のコーティング欠陥部から土壌に向かって 1 A の直流迷走電流が流れるとすると，何時間で穿孔に至ることになるか？

　ただし，直流迷走電流腐食はファラデーの法則に従って進行するものとする。鉄の原子量は 55.85，原子価は 2 とする。

　[回答]　直流迷走電流によるアノード部の腐食量 W〔g〕は，電気量（電流 I〔A〕× 時間 t〔s〕）に比例する。

$$W = KIt$$

ここで，K：電気化学当量 ＝（原子量）/{(原子価)·96500 A·s} である。

　鉄の原子量は 55.85，原子価は 2 であるから，電気化学当量 K は $K = 55.85/(2 \times 96500) = 2.89 \times 10^{-4}$ g/(A·s) となる。そこで，1 A の電流が 1 年間流れた場合の鉄の腐食量 W は

$$W = 2.89 \times 10^{-4} \text{ g/(A·s)} \times 1 \text{ A} \times 365 \times 24 \times 60 \times 60 \text{ s}$$
$$= 9110 \text{ g} = 9.11 \text{ kg}$$

鉄の密度は 7.86 g/cm³ であるから，体積は 1160 cm³ となる。1 A/cm² の鉄の溶出速度に相当する腐食速度は，11600 mm/y であることから，わずか 7.6 時間で穿孔に至ることになる。

【質問 2.2】　選択排流法はカソード防食システムといえるか？

　[回答]　選択排流法はカソード防食システムとはいえない。その理由は，選択排流器を排流電流が流れていないと，パイプラインは自然腐食の状態となる。カソード防食は対象物に 24 時間カソード電流を供給しなければならない。カソード防食システムは，流電陽極システムと外部電源システムの二つである。

引用・参考文献

1)　ISO 8044："Corrosion of metals and alloys —Basic terms and definitions"（2015）

2)　M. Romanoff："Underground Corrosion, National Bureau of Standards", Circular, 579（1957）

3)　ISO 15589-1："Petroleum, petrochemical and natural gas industries —Cathodic protection of pipeline systems —Part 1: On-land pipelines" (2015)

4)　H. Dominik："Deballte Kraft (W.v. Siemens)", W. Limpert (1941)

5)　B. McCollum and G.H. Ahlborn："Methods of making electrolysis surveys", Technologic Papers of the Bureau of Standards, 28 (1916)

6)　F. Kajiyama："Risk assessment of fluctuating stray current interference on buried steel pipelines with cathodic protection applied", CEOCOR, Paper 2017-03 (2017)

7)　BS EN 50162："Protection against corrosion by stray current from direct current systems", p.10 (2004)

8)　電蝕防止研究委員会："電蝕防止操典", 昭文社 (1933)

9)　R.J. Kuhn："Cathodic Protection of Underground Pipe Lines from Soil Corrosion", Proc. Am. Petroleum Inst. [Ⅳ] 14, pp.153~167 (1933)

10)　梶山文夫："電食の定義とわが国の電食防止対策の変遷", 防錆管理, **54**, 8, p.306 (2010)

11)　W. Beck："Electrolytic Corrosion in Gas Mains", 70th Annual General Meeting (1933)

12)　京極高男："特許第107679号" (1934)

13)　密田良太郎："日本に於ける電蝕防止研究と地中埋設金属体の電蝕防止施設の実情", 帝國瓦斯協會雜誌, **24**巻, pp.45~60 (1935)

14)　堀岡正家, 岩佐茂作, 京極高男："瓦斯鐵管等地中埋設金屬體の電解腐蝕防止に就いて", 帝國瓦斯協會雜誌, **23**巻, 第3号, pp.24~43 (1934)

15)　岡本勝群："埋設管の腐食と電気防食法", 配管と装置, 2, pp.31~38 (1970)

16)　IEC 60050-811："International Electrotechnical Vocabulary (IEV) —Part 811: Electric traction" (2017)

17)　梶山文夫："クーポン計測に基づくパイプラインのカソード防食の有効性評価", 防錆管理, **62**, 6, pp.228~234 (2018)

18)　ISO 22426："Assessment of the effectiveness of cathodic protection based on coupon measurements" (2020)

19)　R.M. Lawall："A Cooperative Approach to Electrolysis Problems", Presented at NACE annual meeting, April 1948, St. Louis, Missouri (1948)

交流電食とその防止

　交流というと電圧と電流の向きが時間とともに変化するので，地中インフラが外部と交流電流のやり取りをしていても，地中インフラの腐食（交流電食）の程度は軽微ではないかという先入観をもつ。果たして実際はどうであろうか。交流電食は，交流迷走電流腐食とも称されるが，ここでは2章と比較するため，交流電食という用語を用いることにする。本章では，交流電食を把握するとともに，その防止を述べることにする。なお，ここでは単に金属の交流腐食度を把握する目的の場合，「交流腐食」という用語を用いることにする。

3.1　20世紀初頭の交流電食の理解

　電気鉄道は，2章で述べたように最初に直流電気鉄道が1881年に採用された。直流電気鉄道は，市内電車や近距離鉄道には向いていたが，変電所設備が複雑で，き電電圧を高くできないため，き電電流が大きくなり電圧降下も大きくなるという側面があった。ここで，**き電**（feeding）とは，電気車に電力を供給する意味で用いられ，送電および配電と区別している。

　そこで，変電所設備が簡単で，かつ直流電気鉄道より高い電圧でき電することができることから，き電電流が小さくてすむため電圧降下が小さく，変電所間隔を長くできるという利点のある交流電気鉄道が検討された。ただし，交流電気鉄道は車両に変圧器や整流器が必要なため，車両設備は複雑となった。1898年，ゴルナーグラート鉄道（725 V，50 Hz），1912年，ユングフラウ鉄道（1125 V，50 Hz）が，簡単な構造の交流電動機を使用する三相交流電化システ

ムで，それぞれ開業した。

しかしながら，三相交流電化は3本の電線が必要であり，1本はレールを使うが，他の2本は架線を使うため，パンタグラフを2台搭載しなければならなかった。さらに，ポイントなどの架線が交差する部分は構造が複雑になるという問題があり，また誘導モータは速度制御に難点があった。

そこで，単相の交流で交流整流子モータを直接駆動する単相交流方式が考えられた。1904年，シーメンスが単相交流方式をムルナウ・オーベンアンメルガウで最初に実施した。アメリカでは，1905年，ウエスティングハウスがインディアナポリスのインターアーバンで単相交流方式3300 V，25 Hz を電化後，1907年，ニューヘブン鉄道で1100 V，25 Hz を電化，他にもペンシルベニア鉄道などで単相交流方式が採用された。単相交流方式は，電気車に電車線から単相交流を供給し，レールなどを帰路とするき電方式である。そのため，帰線電流の一部がレールから大地に漏れることで，鉛ケーブル，鋼管などの地中インフラの交流電食や通信線に誘導障害が発生する恐れがある。

上記を考慮し，Hayden[1] は，当時アメリカで導入された単相交流電化システムのレール漏れ交流電流に起因するガス管，水道管，鉛ケーブルの電食に関して，「交流電気分解」と題する論文を発表した。なお，当時，ガス管と水道管は鉄管が，通信・電力ケーブルは鉛ケーブルが採用されていた。Hayden の研究は，種々の水溶液中と土壌中の鉛と鉄の腐食に及ぼす交流電流の電流密度，周波数の影響度を定量的に把握することを目的に実施された。Hayden は，25 Hz または60 Hz の正弦波が印加された試験片の全腐食量から，自然腐食の試験片の自然腐食量を差し引いた値を交流腐食量と見なし，この値の，同一電流密度の直流がファラデーの法則に従って腐食する理論腐食量に対する比率で，交流腐食を評価した。Hayden は，鉄は鉛よりも腐食量が少なく，鉄に対して大きな（交流）電流がレールとパイプとの間に流れている厳しい場合を除いて，一般に交流腐食の脅威はより少ないと結論づけた。

3.2　交流腐食防止とカソード防食との関係の認識の変遷

　Hayden の後，交流腐食度は，腐食速度そのものの評価ではなく，交流腐食量の，同一電流密度の直流がファラデーの法則に従って腐食する理論腐食量に対する比率（ここでは，直流に対する腐食比率と称する）の大小で評価されてきた。ただし，交流腐食量には，自然腐食による腐食量も含まれた点がHayden の評価と異なる。1916 年，McCollum と Ahlborn[2] は，土壌中の鉄と鉛の交流腐食と，最大周波数 60 Hz から 1 サイクル 2 週間の低周波数までの周波数との関係について，直流に対する腐食比率で解析した論文を発表した。McCollum らによると，60 Hz において，土壌中の鉄の直流に対する腐食比率は 5% より小さく，交流の腐食効果はファラデーの法則に従って腐食する直流腐食よりかなり小さいと結論づけた。

　1967 年，Dévay，EL-rehim および Takács[3] は，交流電流密度が非常に大きいと，交流腐食はカソード防食によって防止できないことを示した。Dévay らは，12 時間の試験を行い，5%KCl 溶液中の鋼が 10 A/m^2 の流入直流電流密度下で，250 A/m^2 と非常に大きな交流電流密度が印加されていると，分極電位は $-0.9\,V_{SCE}$（飽和硫酸銅電極 CSE 基準で $-0.97\,V_{CSE}$）よりもマイナスになるが，全面腐食速度は 0.8 mm/y という大きな値になることを報告している。なお，0.8 mm/y は，原論文から読み取った値である。この結果は，防食電位基準を満足するものであった。

　Dévay らによって，大きなカソード電流でも交流腐食が起こりうること，防食電位基準を満足しても交流腐食が起こりうることが明らかにされたにもかかわらず，その後，交流腐食防止にカソード防食が効果的であるとする論文が立てつづけに提出された。1969 年，Hewers[4] は，過去のデータを考察し，鋼に対する交流腐食度の直流に対する腐食比率が 0.04〜0.13% であることから，鋼に対する交流腐食の影響はあるが，この影響は，通常のカソード防食によって容易に制御されうると述べている。Pookote と Chin[5] は，1978 年，パイプ

の腐食穿孔が交流誘導によって誘起されたというフィールドデータはないことを報告している。1980年，Hamlin[6]は，交流は，カソード防食された鋼の分極または復極にいかなる重大な影響も有しないことを報告している。

3.3 交流電食の発生

1980年代中ごろより，欧米において，高圧交流架空送電線かつ/または交流電気鉄道輸送路と並行する土壌中に埋設された高抵抗率コーティングが施された鋼製パイプラインにおいて，防食電位基準を満足していたにもかかわらず，**交流電食**（AC stray-current corrosion）が発生した[7)~14)]。欧米で発生した交流電食事例より，注目すべき点と考察される点は，以下のとおりである。

(1) 交流電食による最大腐食速度は，交流電食発生源が高圧交流架空送電線の場合で，約 10 mm/y もの驚異的な値であった。この事例は，穿孔が埋設6箇月以内の操業前に発生した。

(2) 交流電食は，発生源が高圧交流架空送電線でも，あるいは交流電気鉄道でも，パイプラインの埋設後数年以内に穿孔が見られた。高圧交流架空送電線は，交流電気鉄道と比較して，以下のことがいえる。

   (a) 交流電圧が高い。

   (b) わが国の場合，周波数は同じであるが，欧米の場合，周波数が同じか，あるいは高い。

   (c) 常時交流誘導をパイプラインに与える。

   (d) 交流誘導レベルの低い時間が短い。

以上のことから，周波数，および交流電食発生源とパイプラインとの並行距離が同じであれば，高圧交流架空送電線のほうが，交流電気鉄道よりも土壌埋設された高抵抗率コーティングパイプラインに及ぼす影響度は大きいと考えられるが，事例として顕著な違いは見られなかった。

(3) コーティングは，ポリエチレンがほとんどで，FBE（fusion bonded epoxy，エポキシ粉体塗覆装）も見られた。いずれにしても高抵抗率材料

であった。

(4)　コーティング欠陥部における腐食部の面積は，最小 0.2 cm² もの非常
　　に小さいもので，最大腐食速度が 0.2 mm/y であった。50 Hz の正弦波に
　　対する交流電食は，コーティング欠陥部面積が 1 cm² で最大になるとい
　　う Heim ら[14] の報告があるが，さらに小さいコーティング欠陥部面積で
　　も 0.2 mm/y という許容できないレベルで腐食が進行することが明らか
　　となった。

(5)　穿孔したパイプラインの交流電圧は，9.70〜130 V と非常に高い値で
　　あった。

(6)　穿孔したパイプラインのオン電位またはクーポンインスタントオフ電
　　位は，− 1.0 V$_{CSE}$ よりもマイナスの値を示した。

(7)　交流電食による穿孔部および腐食部の pH は，10〜13.1 とアルカリ性
　　を呈した。

(8)　穿孔が見られた部位で，クーポン電流密度計測を行ったものについて
　　は，いずれもクーポン交流電流密度が 200 A/m² を超える値を示した。こ
　　の値は，明らかに 3.7 節に示す許容可能な交流干渉レベル[15] を満足しな
　　かった。

　上記より，1980 年代中ごろ以降，高 pH の小さな面積のコーティング欠陥部
で，高い交流電圧を駆動力とし，防食電位基準を満足しながらも発生した交流
腐食による穿孔の事例から，以下の (i)〜(iii) が考察される。

(i)　高抵抗率コーティングの小さな欠陥部で発生する交流腐食に対して，
　　これまで行われた交流の直流に対する腐食比率を指標とした交流腐食評
　　価は，楽観を助長するので危険である。交流の直流に対する腐食比率を
　　指標とした交流腐食評価は，接地抵抗が低く，大きな面積を有する，
　　1980 年ごろ以前に埋設された裸管，およびアスファルトのような歴青質
　　のコーティングパイプラインのみに適用すべきであると考えられる。

(ii)　小さな面積のコーティング欠陥部の高 pH は，カソード反応（(1/2)
　　O₂ + H₂O + 2e⁻ → 2OH⁻，2H₂O + 2e⁻ → H₂ + 2OH⁻）によって生成し

た OH$^-$ のコーティング欠陥部における高濃度を裏付けるものである。

(iii)　Pourbaix[16] の鉄の電位-pH 図より，高 pH 下で大きい交流電流密度の半波のアノード反応で生成した溶解性の HFeO$_2^-$（Fe + 2H$_2$O → HFeO$_2^-$ + 3H$^+$ + 2e$^-$）が，不働態皮膜である Fe$_3$O$_4$ の生成を遅らせ，腐食を継続させた可能性が考えられる。

交流電食発生の背景には，① パイプライン，高圧交流架空送電線および交流電気鉄道輸送路の埋設・敷設距離が伸びるなかで，パイプラインが高圧交流架空送電線かつ/または交流電気鉄道輸送路と長距離にわたって並行して埋設されるケースが増大したこと，② 1980 年代中ごろより，パイプラインのコーティングがそれまでの歴青質から高抵抗率のプラスチック材料に代わったことから，小さな面積のコーティング欠陥部に非常に高い交流電圧がかかることになったこと，が挙げられる。欧米で発生したパイプラインの交流電食は，1967 年の Dévay ら[3] の交流電食防止とカソード防食との関係を防食技術者に再認識させ，防食電位基準の限界を超えた 3.7 節に示す許容可能な交流干渉レベルの策定[15] を推進することになった。

3.4　交流腐食理論

なぜ，電力の高圧交流架空送電線かつ/または交流電気鉄道輸送路と並行して土壌に埋設されたパイプラインに，交流電食が発生したのであろうか。ここでは，交流腐食理論によりその理由を考えてみる。

土壌のような電解質に埋設されたコーティングパイプラインが，電力の高圧交流架空送電線かつ/または交流電気鉄道輸送路と並行していると，コーティングパイプラインに交流電圧 $V_{a.c.}$ が発生する。$V_{a.c.}$ は，式 (3.1) のように表せる。

$$V_{a.c.} = j\omega MIL \tag{3.1}$$

ここで

　　$V_{a.c.}$：交流電圧　　　j：虚数単位　　　ω：2πf（f：周波数）

M：送電線/電車線と埋設されたコーティングパイプラインと
の間の相互インダクタンス

I：送電線/電車線電流

L：送電線/電車線と埋設された塗覆装パイプラインとの間の
並行距離

相互インダクタンス M は，送電線/電車線との位置関係（送電線/電車線の最も弛んだ地点と，埋設されたコーティングパイプラインとの距離が重要），および電解質の抵抗率によって決まる。高圧交流架空送電線の場合，送電線の各相の電流は 120° の位相差があるが，これらの電流により埋設されたコーティングパイプラインに誘導される電圧には，各相の不平衡およびパイプラインと各送電線との間の距離の要素が絡む。式 (3.1) で，電力の高圧交流架空送電線および交流電気鉄道に起因する埋設されたコーティングパイプラインの交流電圧は，パイプラインと送電線/電車線との並行距離 L の増大とともに高くなる点が重要なポイントである。

いま，円形のコーティング欠陥部の接地抵抗を R とすると，R は式 (3.2) のように表される[17]。

$$R = \frac{\rho}{2d} = \frac{\sqrt{\pi}\rho}{4\sqrt{S}} \tag{3.2}$$

ここで

ρ：電解質の抵抗率〔$\Omega \cdot$m〕

d：コーティング欠陥部の直径〔m〕

S：コーティング欠陥部の面積〔m^2〕

すると，コーティング欠陥部の面積 S〔m^2〕における交流電流密度 $I_{\text{a.c.}}$〔A/m^2〕は，$I_{\text{a.c.}} = V_{\text{a.c.}}/(RS)$ となり，コーティング欠陥部の面積 S〔m^2〕における交流電流密度 $I_{\text{a.c.}}$〔A/m^2〕を，コーティング欠陥部の面積 S〔m^2〕との関数で表すと，式 (3.3) となる。

$$I_{\text{a.c.}} = \frac{2.26\, V_{\text{a.c.}}}{\rho\sqrt{S}} \tag{3.3}$$

式 (3.3) より，コーティング欠陥部の交流電流密度 $I_{a.c.}$，すなわち交流腐食速度は，電解質の抵抗率 ρ とコーティング欠陥部の面積 S が同じであれば，交流腐食の駆動力である交流誘導電圧 $V_{a.c.}$ が高いほど大きくなることがわかる。しかしながら，ここで注意しなければならないのは，式 (3.3) が示すように，たとえ $V_{a.c.}$ が低くても電解質の抵抗率 ρ が非常に低く，かつ/またはコーティング欠陥部の面積 S が小さければ $I_{a.c.}$ は大きくなる，すなわち交流腐食速度が大きくなるということである。

式 (3.1) と式 (3.3) より，式 (3.4) が得られる。

$$I_{a.c.} = \frac{2.26\,j\omega MIL}{\rho\sqrt{S}} \tag{3.4}$$

よって，以下の一連の条件のとき，コーティング欠陥部の交流電流密度，すなわち交流腐食速度は大きくなることがわかる。

① 送電線/電車線電流 I が大きい

② 送電線/電車線との並行距離 L が長い

③ 電解質の抵抗率 ρ が低い

④ コーティング欠陥部の面積 S が小さい

埋設されたコーティングパイプラインのコーティング欠陥部の交流電流密度は，実際には計測不可能である。そこで，埋設されたコーティングパイプラインの交流腐食リスクの評価は，パイプラインに接続され，コーティング欠陥部を模擬したクーポンの「クーポン交流電流とクーポン直流電流の二つの値を計測し，後述する 3.7 節に示す許容可能な交流干渉レベルと照査する」ことにより，はじめて可能となる。

3.5 交流干渉の一般論

ISO 15589-1:2015[18] は，電力線と電気鉄道のような高電圧交流源からのパイプラインに対する長期，または短期間の**交流干渉**（AC interference）の大きさは，主につぎに依存すると述べている。

—並行またはほぼ並行ルートの長さ

—パイプラインと干渉源との距離

—パイプラインルートに沿った電解質抵抗率

—交流線の電圧レベル

—交流線の電流レベル

—パイプラインのコーティングの品質

注　埋設されたパイプラインに対する交流干渉影響は，安全の問題を起こしうる。パイプラインに対する交流干渉を伴う起こりうる影響は，電気の感電，コーティングへの損傷および絶縁物への損傷を含む。

3.6　交流電食の評価計測

今日，ポリエチレンのような非常に高い抵抗率のコーティングが施されたパイプラインの交流腐食リスクは，**図3.1**に示すようにパイプ埋設位置にコーティング欠陥部を模擬した鋼製**クーポン**（coupon）を設置し，クーポンとパ

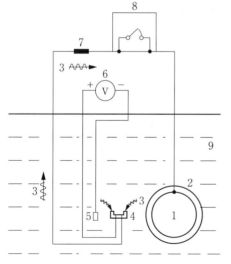

1　パイプライン　2　コーティング
3　カソード防食電　4　クーポン
　　流＋交流電流
5　照合電極　6　電　圧　計
7　シャント　8　半導体リレー
9　土　　壌

図3.1　クーポンを用いたパイプラインのカソード防食の有効性の評価[19]

イプを接続後，パイプラインの交流電圧，クーポンオン電位，クーポンインスタントオフ電位，クーポン直流電流およびクーポン交流電流を計測することによって評価される[19]。

図 3.2 は，クーポンインスタントオフ電位の計測方法を示したものである。交流電食リスク評価のために，クーポンオン電位，クーポンインスタントオフ電位，クーポン直流電流およびクーポン交流電流を，少なくとも交流電気鉄道システムの非稼働時間，および高圧交流送電電流の低下時間帯を含む計 24 時間以上計測することが有効である。ここでは，これらの値の求め方を既往の文献[20]～[22]に基づいて紹介する。

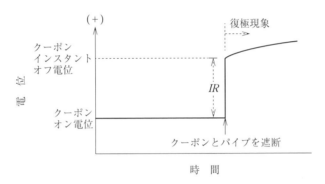

図 3.2 クーポンインスタントオフ電位の計測方法

その計測評価方法は，**図 3.3** に示すように，クーポンとパイプのオン時間を 8.5 s（秒），オフ時間を 1.5 s とする計 10 s を 1 **ユニット**と称する。オン時間帯において，計測開始から 8 s まで，クーポンオン電位およびクーポンとパイプの間を流れる電流であるクーポン電流を 0.1 ms（ミリ秒）ごとに計測し，1 サブユニットの 20 ms ごとにそれぞれの値を求める。1 サブユニットごとに，クーポン直流電流密度 $I_{\mathrm{d.c.}}$ とクーポン交流電流密度 $I_{\mathrm{a.c.}}$ を演算により求める。1 サブユニットごとに演算した理由は，50 Hz の $I_{\mathrm{a.c.}}$ を求めるためである。そのため，1 ユニットは 400 のサブユニットから成る。さらに，各ユニットにおける $I_{\mathrm{d.c.}}$ と $I_{\mathrm{a.c.}}$ の平均値，最大値，最小値を求め，最終的に計測時間における $I_{\mathrm{d.c.}}$ と $I_{\mathrm{a.c.}}$ の平均値，最大値，最小値を求める。クーポンオフ電位は，クーポ

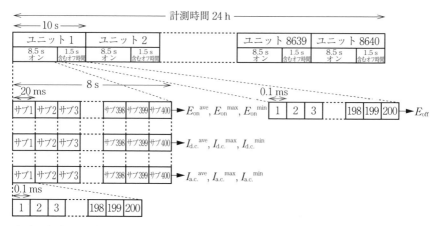

サブ：サブユニット

図 3.3 クーポンオン電位 E_{on}，クーポンインスタントオフ電位 E_{off}，クーポン直流電流密度 $I_{d.c.}$ およびクーポン交流電流密度 $I_{a.c.}$ の求め方

ンとパイプオフ後，0.1 ms のデータサンプリング間隔で 200 データの平均値とする。計測時間が 24 時間であると，ユニット数は 8640 となる。

以上の計測値を後述する 3.7 節の許容可能な交流干渉レベルと照査する。クーポンとパイプのオン時間帯において，クーポン交流電流密度が最大値を示したサブユニットの原波形を保存する。式 (3.5)〜(3.8) は 1 サブユニットにおける各値の演算式を示したものである。

$$E_{on} = \frac{1}{200}\sum_{n=1}^{200} E_{on}(n) \tag{3.5}$$

$$I_{d.c.} = \frac{1}{A}\frac{1}{200}\sum_{n=1}^{200} I(n) \tag{3.6}$$

$$I_{a.c.} = \frac{1}{A}\sqrt{\frac{1}{200}\sum_{n=1}^{200}\{I(n) - AI_{d.c}\}^2} \tag{3.7}$$

$$E_{off} = \frac{1}{200}\sum_{n=1}^{200} E_{off}(n) \tag{3.8}$$

ここで

n　：1, 2, ..., 199, 200

A　：クーポンの表面積

$I(n)$ ：カソード防食システムが連続的に稼働している状態に
　　　　おいて，クーポンとパイプとの間を流れる電流

$E_{off}(n)$：クーポンとパイプオフ後のクーポン電位

3.7 許容可能な交流干渉レベル

ISO 18086:2015 Corrosion of metals and alloys —Determination of AC corrosion —Protection criteria は，わが国がプロジェクトリーダーとなって 2015 年 6 月 1 日に発行された。その後，フランスから軽微な改訂が ISO/FDIS（タイトルは同じ）として提案され，この改訂が盛り込まれたものが賛成多数で承認され，2019 年 12 月，ISO 18086:2019[15] となった。軽微な内容は，主に，許容可能な交流干渉レベルを構成するクーポン交流電流密度に，平均を明記したことである。ISO 18086:2019 では，Acceptable interference levels（許容可能な干渉レベル）と記述されているが，ここでは，意味を明確にするために「許容可能な交流干渉レベル」と記述する。

以下に，ISO 18086:2019 の**許容可能な交流干渉レベル**（acceptable interference levels）の内容を，抜粋して示す。

カソード防食システムの設計，設置および維持管理は，交流電圧のレベルが交流腐食を引き起こさないことを保証しなければならない。状態はそれぞれの状況によって変わるので，単一の閾値（しきい）を適用することはできない。

このことは，パイプラインの交流電圧を低下することと以下に特定された電流密度によって達成される。

　—最初の段階として，パイプラインの交流電圧は，$15\,V_{rms}$（実効値）またはこれより低い目標値まで低下されるべきである。この値は，代表的な期間（例：24 時間）にわたる平均として計測される。

　—二番目の段階として，効果的な交流腐食緩和は，ISO 15589-1:2015 の表 1（本書 6 章の表 6.4）で定義されたカソード防食電位に合格することによって達成されうる。かつ：

—1 cm^2 のクーポンまたはプローブに対して，交流平均電流密度（実効値）を代表的な期間（例：24 時間）にわたって 30 A/cm^2 よりも低く維持する；または

—もし交流平均電流密度（実効値）が 30 A/cm^2 よりも大きいならば，1 cm^2 のクーポンまたはプローブに対して，平均カソード電流密度を代表的な期間（例：24 時間）にわたって 1 A/m^2 よりも低く維持する；または

—交流電流密度と直流電流密度の比を代表的な期間（例：24 時間）にわたって 5 よりも低く維持する。

注　3 と 5 の間の電流密度比は，交流腐食の小さいリスクを意味する。しかしながら，腐食リスクを最小値まで低下するために，3 より小さい電流密度比が好ましい。

効果的な交流腐食緩和は，腐食速度の計測によっても示すことができる。

3.8　交流腐食に及ぼす各因子の影響

鋼の交流腐食に及ぼす各因子の影響について，これまでの研究および実例調査結果，さらに ISO 18086:2019 を基に以下に示す。各因子が複雑な関係をもちながら交流電食速度に影響を及ぼしている。しかしながら，以下に示すこれまでの主に実験室での研究は，腐食速度として鋼試験片の質量減少値から求められた全面腐食速度が多いが，各因子の影響を浮かび上がらせた内容となっている。最大腐食速度は，全面腐食速度よりもさらに大きいことを念頭に置きながら，研究結果を評価することが重要である。

3.8.1　交流電圧の影響

交流電食速度の駆動力は交流電圧であるから，電解質の抵抗率 ρ とコーティング欠陥部の面積 S が同じであれば，交流電圧が高いほど交流電食速度は大きくなるといえる。ISO 18086:2019[15] は，埋設されたパイプラインの交流電食の発生の可能性を低くするために，パイプラインの交流電圧は 15 V$_{rms}$ より低

くすることを定めている。しかしながら，万全を期すために，後述するように
パイプラインの交流電圧を 1.3 V より低くすることが必要と見なされる。

　1994 年，Pagano と Lalvani[23] は，窒素で脱気された人工海水中の 1018 炭素
鋼に対する交流電圧と，1018 炭素鋼の質量減少値より求めた全面腐食速度と
の関係について発表した。交流電圧が 100 mV から 600 mV と高くなるにつれ
て全面腐食速度は低下するが，それは拡散層における溶液の pH が増大し，そ
の結果保護皮膜が生成するためと考察した。彼らは，交流電圧が 600 mV を超
えると，保護皮膜が破壊されるため全面腐食速度が急激に増加することを示し
た。Pagano らの発表論文は，環境と交流電圧によっては，交流電圧が高いほ
ど交流電食速度が大きくなるとは一義的にいえないことを示している。

　コーティング欠陥部の面積を 3.8.4 項で後述する交流電食速度が最大となる
1 cm^2 とすると，交流電流密度 $I_{a.c.}$ が 30 A/m^2 より小さい交流電圧 $V_{a.c.}$ は，式
(3.3) より式 (3.9) のようになる。

$$I_{a.c.} = \frac{2.26 \, V_{a.c.}}{\rho\sqrt{S}} = \frac{226 \, V_{a.c.}}{\rho} < 30 \tag{3.9}$$

土壌抵抗率 ρ が 10 Ω·m の場合，コーティング欠陥部の交流電流密度を許容
可能な交流干渉レベル 30 A/m^2 より小さくするためには，交流誘導電圧 $V_{a.c.}$
を 1.3 V より低くする必要がある。交流誘導電圧と土壌抵抗率との関係は，**図**

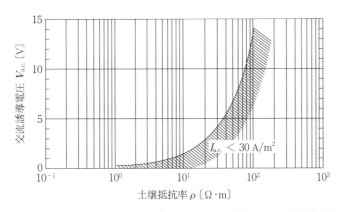

図 3.4　コーティング欠陥部面積が 1 cm^2 の場合の交流誘導電圧の土壌抵抗率依存性[24]

3.4のように表される[24]。土壌抵抗率が低いほど，$I_{a.c.} < 30\,\mathrm{A/m^2}$ を満足する交流誘導電圧は低くなる。図の斜線が $I_{a.c.} < 30\,\mathrm{A/m^2}$ を示す。

3.8.2 交流電流密度の影響

図 3.5 は，これまで研究者によって実験室において得られた，鋼試験片の全面腐食速度と印加された交流電流密度との関係[3), 25), 26)] を示したものである。**表 3.1** は，図 3.5 の交流腐食試験データを示したものである。ここで，Dévay ら[3) の論文の腐食速度は，論文中の図から読み取ったものである。研究者によって試験時間が異なるので，腐食速度を比較するため，年間の全面腐食速度 mm/y に換算して図 3.5 に示す。表 3.1 には Nakamura ら[26] の研究による砂質土壌の最大腐食速度の値が示されているが，全面腐食速度として各研究者のデータを比較するため，図 3.5 には Nakamura らの最大腐食速度は示されていない。なお，表 3.1 の交流電流 $0\,\mathrm{A/m^2}$ のときの腐食速度は，自然腐食速度となる。

図 3.5 と表 3.1 より，以下の (1)〜(4) の 4 点が明らかとなった。

(1) 鋼試験片に交流電流が印加されると，自然腐食速度よりも大きな腐食速度がもたらされる。

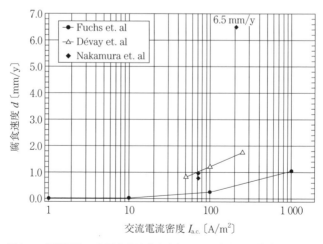

図 3.5 鋼試験片の全面腐食速度と印加された交流電流密度との関係

表 3.1　図 3.5 の交流腐食データ

腐食環境	周波数〔Hz〕	試験時間	交流電流密度	（論文の）腐食速度単位	腐食速度mm/y 換算	研　究　者
NaCl	50	－	1	〔g/(m²·Tag)〕	0.015	W. Fuchs, H. Steinrath and H. Ternes
			10		0.038	
			100		0.261	
			1000		1.07	
5%KCl溶　液	50	4 時間	0(blank)	〔mg/(cm²·h)〕	0.625	J. Dévay, S. S. A. EL-rehim and V. Takács
			50		0.833	
			100		1.22	
			250		1.76	
粘土質土　壌	50	30 日	0(blank)	全面腐食速度〔mm/y〕	0.053	Y. Nakamura and F. Kajiyama
			71		0.79	
			210		6.5	
砂質土壌	50		0(blank)	最大腐食速度〔mm/y〕	0.060	
			71		0.97	

(2)　交流電流密度が大きいほど，腐食速度は大きくなる。

(3)　粘土質土壌の交流電流密度 210 A/m² において，全面腐食速度が 6.5 mm/y ときわめて大きな値が得られている。

(4)　砂質土壌の交流電流密度 71 A/m² において，最大腐食速度が 0.97 mm/y と大きな値が得られている。

3.8.3　カソード電流密度の影響

3.2 節で述べたように，1967 年，Dévay ら[3] は交流電流密度が大きいと，十分なカソード防食電流密度で防食電位基準を満足しても，約 1 mm/y もの腐食速度となり，カソード電流密度が交流腐食を防止できないことを実験室研究によって明らかにした。

その後，パイプラインを管理する立場から，カソード電流密度が交流腐食を防止できる限界を明らかにする研究が行われた。1992 年，Funk, Prinz および

Schöneich[27] は，2 A/m^2 の電流密度のカソード電流が，常時，鋼に流入していても，交流電流密度が 30 A/m^2 を超えると最大腐食速度が 0.1 mm/y を超えることを発表した。交流電流密度が 30 A/m^2 を超えると，防食電位基準が適用不可能であると述べている。さらにこのとき，クーポン交流電流密度の計測は，腐食の危険性と腐食防止に対する情報を提供すると記述している。現時点の知識によると，30 A/m^2 より小さい交流電流密度は，約 1 A/m^2 のカソード防食電流密度で交流電流の影響を受けているパイプにおいて，腐食損傷は誘起しないとしている。

ISO 15589-1:2015[18] は，「もしも 1 cm^2 の裸の表面（例：外面のテストプローブ）の交流電流密度が 30 A/m^2 よりも高ければ，増大された交流腐食リスクがある。」と述べている。

以上より，交流電流密度が大きいと，大きなカソード電流密度でも交流電食は防止できず，またその際，防食電位基準は適用できないことを意味している。このことは，クーポン電流密度を計測し，その結果を 3.7 節で述べた許容可能な交流干渉レベルと照査することにより，交流電食リスクを評価する必要性を説くものである。

3.8.4　コーティング欠陥部の面積の影響

表3.2 は，1992 年，Heim と Peez[14] による埋設 6 年のドイツの Freilassing-Bad Reichenhall パイプラインのコーティング欠陥部における面積，腐食の有無，および最大腐食深さの調査結果を示したものである。

この表で注目すべきは，以下の 2 点である。

(1)　最大腐食深さは，コーティング欠陥部面積 1 cm^2 で最大値 4.5 mm を示す。

(2)　コーティング欠陥部面積が 0.01 cm^2 と小さい場合，腐食は見られない。

また，1992 年，Prinz[7] は，交流腐食リスク地点の 0.5 cm^2，1 cm^2，2 cm^2，および 5 cm^2 の種々の面積を有するクーポンを設置した試験結果から，クーポン腐食速度は，クーポン面積が 1 cm^2 のとき最大腐食速度 1.16 mm/y を示す

表 3.2 Heim と Peez による埋設 6 年のドイツの Freilassing-
Bad Reichenhall パイプラインのコーティング欠陥部における
面積，腐食の有無，および最大腐食深さの調査結果[14]

コーティング 欠陥部の面積 〔cm^2〕	腐食の有無	最大腐食深さ 〔mm〕
100	無	—
1-2	有	2
0.01	無	—
1	有	3
0.01	無	—
3*0.5-1.5	有	2
1	有	3.5
1	有	4.5
1	有	4.5
1	有	3.5
6*0.01	無	—
0.03	有	0.1
0.03	無	—

* : コーティング欠陥の数。

ことを報告している。

　以上の結果より，コーティング欠陥部面積 1 cm^2 のときの最大腐食速度が，交流腐食速度の最大値であると見なされる。

　コーティング欠陥部面積が非常に小さくなると，パイプ金属表面とコーティングの外側との間の電解質抵抗が高くなるため，コーティング欠陥部面積に流出入する電流が制限を受けるが，これらの理由なども含め，交流腐食速度が最大となるコーティング欠陥部面積が存在すると考えられる。なお，この現象は，式で表せないため，3.4 節の式 (3.3) および式 (3.4) には反映されていない。

3.8.5 周波数の影響

1907 年，Hayden[1] は 1% 炭酸アンモニウム水溶液中の鉄に 25 Hz と 60 Hz の 74.4 A/m^2（48 mA/in.^{2}）の交流電流密度を印加すると，25 Hz の交流電食量が 0.017 mg/時間（全面腐食速度に換算すると 0.0047 mm/y），60 Hz の交流電食

量が 0.50 mg/時間（全面腐食速度に換算すると 0.138 mm/y）と，60 Hz の交流電食量は 25 Hz のそれよりも約 30 倍大きくなる，すなわち周波数が高いほど交流電食速度が大きくなることを発表した。

1958 年，Fuchs，Steinrath および Ternes[25] は，NaCl と Na_2SO_4 溶液中の鋼の全面腐食速度と周波数との関係を発表した。**図 3.6** は，Fuchs らの研究結果を示したものである。プロットは，論文に掲載されたデータを基に，周波数と，鋼の質量減少値より求めた全面腐食速度の関係で示している。ここで，周波数は矩形波の交流の周波数であるが，Fuchs らの研究により，50 Hz の矩形波と正弦波の波形の違いによる全面腐食速度の差異はないことが明らかになっている。そこで，図 3.6 は，正弦波についても適用できるといえる。この図より，以下のことが明らかである。

(1)　全面腐食速度は，高周波数になるほど低下する。

(2)　5 Hz から 50 Hz の全面腐食速度の低下率は低い。

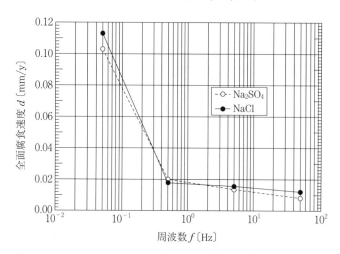

図 3.6　Fuchs，Steinrath および Ternes の研究による NaCl と Na_2SO_4
溶液中の鋼の全面腐食速度と周波数との関係[25]

1992 年，Prinz[7] は特に大きな交流電流密度に対して，周波数は最大腐食速度に影響を及ぼさないこと（The frequency has no effect on the corrosion rate, particularly for high current densities.），を報告している。ここで，Prinz の論

文には，最大腐食速度とは記述していないが，論文内容から最大腐食速度と判断される。

1994 年，Pagano と Lalvani[23] は，人工海水中の 1018 炭素鋼に 500 mV と 1000 mV の交流電圧を 5 Hz から 500 Hz の周波数範囲で印加し，周波数が高くなるほど，炭素鋼の質量減少値より求めた全面腐食速度が低下することを発表した。交流電圧 1000 mV における 20 Hz の交流腐食量は，50 Hz の約 3 倍になっていることが注目される。

以上より，欧州の交流電気鉄道システムの 16-2/3 Hz および 50 Hz，高圧交流架空送電線の周波数の 50 Hz および 60 Hz の周波数の差異が最大腐食速度に及ぼす影響は，交流電圧，電解質の腐食性，鋼の腐食生成物の腐食抑制効果，交流誘導を受ける時間などによって異なるため，単純にはいえないと考えられる。交流腐食事例では，16-2/3 Hz，50 Hz および 60 Hz の周波数で交流腐食が発生していることに着目し，大きな交流電流密度に対して，周波数は特に最大腐食速度に影響を及ぼさないと考えられる。

3.8.6　土 質 の 影 響

1992 年，Prinz[7] は，塩類を多く含む中性の電解質は腐食性がかなり高いが，高い濃度の HCO_3^- を含む電解質は局部的な腐食を促進することを述べている。土質については，電解質中のイオン種とその濃度の他に，カソード反応で生成する OH^- 濃度，O_2 濃度，CO_2 濃度が複雑に関係し合って腐食速度に影響を及ぼすと考えられる。CO_2 は，土壌中に生息する微生物による有機物の分解過程で発生すると見なされる。CO_2 は土壌水に溶解し，HCO_3^- および CO_3^{2-} が生成する。HCO_3^- と CO_3^{2-} 濃度は電解質の pH に依存する。

3.8.7　土壌抵抗率の影響

ISO 18086:2019 は，交流腐食リスクが以下のように土壌抵抗率に依存することを示した。

—25 Ω·m より低い：非常に高いリスク

—25 Ω·m と 100 Ω·m との間：高いリスク

—100 Ω·m と 300 Ω·m との間：中程度のリスク

—300 Ω·m より高い：低いリスク

3.8.8　温度の影響

金属に交流電流が流れると，I^2R のジュール熱により電解質の温度が上昇する。1978 年，Pookote と Chin[5] は，土壌温度は交流電流がない場合 22℃ であるが，80 mA（鋼に対する交流電流密度 800 A/m²）の交流電流で 39℃ になることを発表した。さらに，温度の鋼の全面腐食としての交流腐食に及ぼす影響について，20℃ から 40℃ の温度範囲で 720 時間の試験により明らかにした。その結果，交流電食は，交流電流による温度上昇よりも交流電流の大きさの影響を受けるものであろう，と述べている。

3.8.9　時間の影響

1978 年，Pookote と Chin[5] は，土壌を電解質とする酸素拡散電池を用いて，60 Hz，0〜80 mA/cm² の交流電流密度を鋼に印加し，質量減少値より求めた鋼の全面腐食速度と，交流電流密度および試験時間との関係について発表した。それによると，全面腐食速度は 3.8.2 項に既述した他の研究者の結果と同様に，交流電流密度の増大とともに増加するとしている。全面腐食速度と試験時間との関係については，Pookote と Chin の論文中の表をグラフにすると図 3.7 のようになる。

Blank と記載された自然腐食も白丸でプロットされている。同一交流電流密度の，異なる試験時間で得られた全面腐食速度は，交流電流密度 50 A/m² と 100 A/m² に対する二つのデータだけなので，全面腐食速度の時間依存性について断定的なことはいえない。しかしながら，全面腐食速度としての交流電食速度は，自然腐食速度の時間依存性と同様に，時間の経過とともに減少する傾向にあるといえる。

1992 年，Funk，Prinz および Schöneich[27] は，2 A/m² のカソード電流密度

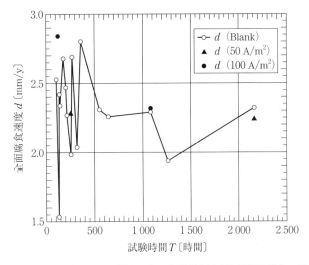

図 3.7 Pookote と Chin の研究による全面腐食速度と試験時間との関係

を一定にし，交流電流密度を 30 A/m²，50 A/m²，100 A/m² と変化させて，最長 10500 時間で最大腐食深さと時間との関係について調査し，最大腐食深さは交流電流密度とともに大きくなるが，時間とともに小さくなることを発表している。Funk ら[27] の論文の図を読み取ると，カソード電流密度 2 A/m²，交流電流密度 100 A/m²，10500 時間で最大腐食深さが約 0.45 mm という数値から，最大腐食速度は約 0.4 mm/y と計算できる。

　1992 年，Prinz[7] は，クーポンに防食電流密度が 2 A/m² 以上印加されている状態で，交流電流密度が 100 A/m² を超えると，30 日の試験時間において最大腐食速度は非常に小さいが，30 日目と 80 日目の間で最大腐食速度は大きく増加することを報告している。また，交流電流密度が 50 A/m² では約 120 日後に，上記と同じように最大腐食速度が増加する現象が見られることを報告している。

　1994 年，Pagano と Lalvani[23] は，人工海水中の 1018 炭素鋼に 1000 mV の交流電圧を印加すると，試験開始 5 時間に交流電食量が最も大きいことを発表している。この発表論文は，環境と大きな交流電圧で，初期全面腐食速度が最も

大きくなる場合があることを示したものである。

交流電食リスク評価は，腐食の誘導時間がありうることを考慮し，短時間で特に最大腐食速度が小さい場合，過小評価にならないように注意しなければならない。

3.9　交流電食防止方法

クーポンを用いてパイプラインの交流腐食リスク評価を行った結果，3.7 節の許容可能な交流干渉レベルを満足しないパイプラインの場合は，交流電食対策が講じられる必要がある。

パイプラインの交流電食を防止するには，まず交流電食の駆動力である交流電圧を低減させることが必要である。ISO 15589-1:2015 は，交流電圧を低減させるために，パイプラインを DC decoupling device（ここでは，交流誘導低減器と称する）を介してアースシステム（例：防護鉄板，残置矢板など）と結線すべきであると述べている。交流誘導低減器とは，電気容量が大きく，無極性のアルミ電解コンデンサから成り，商用周波数で非常に低いインピーダンスを有するように設計された装置を指す。d.c. decoupling device の定義は，ISO 15589-1:2015 では「あらかじめ設定された閾値の電圧を超えたときに電気を伝導する保護装置」とある。交流誘導低減器は，常時，パイプラインと低接地体との間に結線され，テストステーション（ターミナルボックスとも称する）の中に設置される。

交流誘導低減器のパイプラインの交流電圧低減効果は，交流腐食リスク発生源が高圧交流架空送電線の場合と交流電気鉄道の場合，共に実績が報告されている。図 3.8 は，50 Hz の高圧交流架空送電線により交流誘導を受けているパイプラインに接続されたクーポンに対する，クーポン電位とクーポン電流密度の交流誘導低減器設置前後の経時変化例を，図 3.9 は，図 3.8 の計測結果を 3.7 節の許容可能な交流干渉レベルと照査することにより，カソード防食レベル判定を，それぞれ示したものである。クーポン電位とクーポン電流密度は，

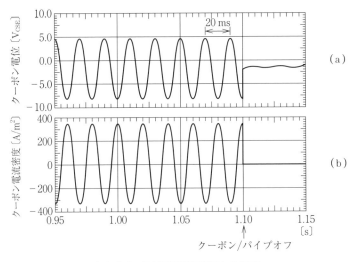

（a），（b）：「交流誘導低減器」設置前

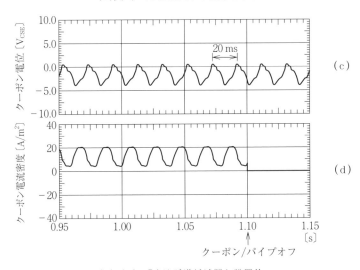

（c），（d）：「交流誘導低減器」設置後

図 3.8　50 Hz の高圧交流架空送電線により交流誘導を受けているパイプラインに接続されたクーポンのクーポン電位とクーポン電流密度の交流誘導低減器設置前後の経時変化計測例[27]

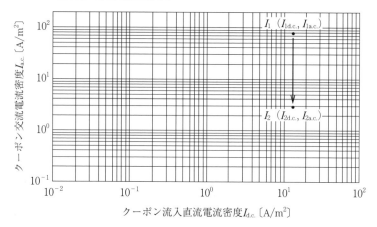

図3.9 図3.7の計測結果のカソード防食レベル判定

0.1 ms のデータサンプリングタイムで計測されたものである。50 Hz の交流クーポン電位は，交流誘導低減器設置前が 4.4 V であったが，交流誘導低減器設置後は 1.6 V になり，交流誘導低減器の設置により 2.8 V の低減効果が見られたことがわかる。交流誘導低減器設置後，クーポン交流電流密度 $I_{a.c.}$ は設置前より 1 桁小さい 30 A/m^2 以下と許容可能な交流干渉レベルとなり，交流誘導低減器の交流腐食防止効果が確認された[27]。

3.10 交流電食リスク計測評価例[28),29)]

　以下に，**AT き電システム**の新幹線に起因するポリエチレン被覆鋼製パイプラインの交流電食リスク計測評価例を示す。パイプラインは外部電源方式によりカソード防食されている。**図3.10** に，交流電食リスク計測評価地点のレイアウトを示す。

　AT き電システムは，**図3.11** に示すように中間の電圧になる単巻変圧器の中点タップにレールを接続し，単巻変圧器を介して変電所からの送り出し電圧 $2E$ をその半分の架線電圧 E に降圧して，電気車に供給する手法である。単巻変圧器は，約 10〜15 km ごとに設置され，レールに流れる電流は電気車の両

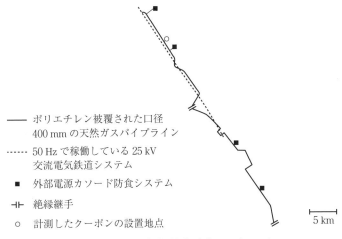

ーーー ポリエチレン被覆された口径
　　　400 mm の天然ガスパイプライン

…… 50 Hz で稼働している 25 kV
　　　交流電気鉄道システム

　■　外部電源カソード防食システム

—I⊢　絶縁継手

　o　計測したクーポンの設置地点

5 km

図 3.10　交流電食計測評価地点のレイアウト

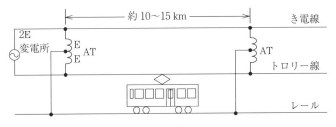

図 3.11　AT き電システム

側の単巻変圧器に吸い上げられるため，レール近傍の金属構造物の電食および
通信障害が低減される[31]。

　図 3.12 は，クーポンを用いたカソード防食有効性評価方法を示したもので
ある。この方法によって，パイプラインの交流電食リスクが許容できるかどう
かの判定が可能となる。

　〔1〕**24 時間計測**　　まずパイプラインがどのようなカソード防食レベル
にあるかを調査するため，24 時間のクーポンオン・インスタントオフ電位，
クーポン直流・交流電流の計測を行った。**図 3.13** は，計測結果を示したもの
である。この結果は，AT き電システムに起因するパイプラインの交流干渉リ
スクを把握するものである。なお，図 3.13 中の濃い黒色グラフは，最大値を

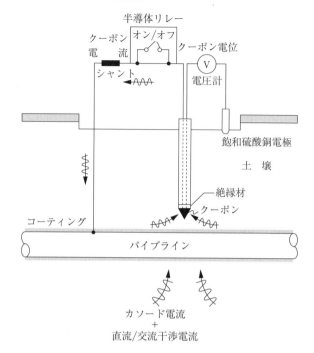

図3.12 クーポンを用いたカソード防食有効性評価方法

示す。

図3.13より以下のことが明らかになった。

(1) 交流電気鉄道車両が走行しない午前1時から午前4時の時間帯は，クーポンオン・インスタントオフ電位，クーポン直流電流密度・交流電流密度の変動が走行している時間帯より小さかった。このことは，パイプラインが交流電気鉄道車両の走行による交流干渉を受けていることを示すものである。

(2) クーポンインスタントオフ電位は−1.140 V$_{CSE}$から−1.095 V$_{CSE}$にあり，クーポン交流電流密度は計測時間平均値が9.90 A/m^{2}であったことから，許容可能な交流干渉レベルにあったと判定される。

〔2〕 **1時間計測**　すでに述べたとおり，24時間計測により，パイプラインは交流電気鉄道車両の通過によって交流干渉が誘導され，それにより交流電

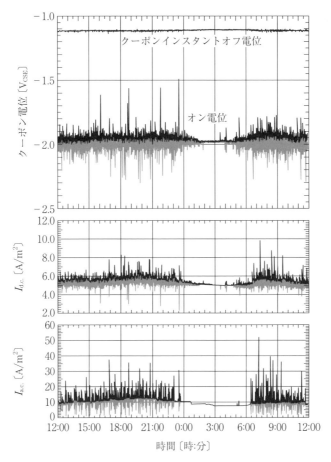

図 3.13 24 時間のクーポンオン電位，クーポンインスタントオフ電位，クーポン直流電流密度 $I_{d.c.}$ およびクーポン交流電流密度 $I_{a.c.}$ 計測結果[29]

食が生じているのではないかとの疑いがもたれた。そこでさらに，**図 3.14** に示すように，交流電気鉄道システム稼働時の 1 時間計測により，交流電食の内容を解明することにした[30]。AT き電システム影響下におけるパイプラインの交流干渉評価における，クーポン交流電流密度取得の重要性を強調するものである。

　そこで，以下の手順で，交流腐食に影響を及ぼすクーポン交流電流密度を求めることにした。手順は 2 ステップから成る。

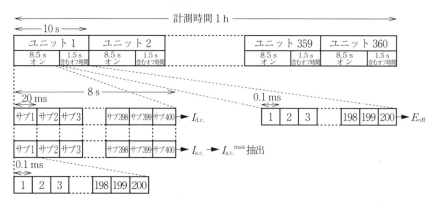

図 3.14 1 ユニットにおけるクーポン交流電流密度の最大値の抽出方法[30]

ステップ 1：$I_{a.c.}^{max}$（50 Hz）の抽出

1 ユニットにおける 400 のサブユットの 1 番目のサブユニットの $I_{d.c.}$ と $I_{a.c.}$ をそれぞれ式 (3.6) と式 (3.7) で算出し，200 データのクーポン電流密度値と波形を保存した。2 番目のサブユニットの $I_{a.c.}$ の値が 1 番目の $I_{a.c.}$ よりも大きいものが出現したら，2 番目のサブユニットのクーポン電流密度値と波形が保存され，1 番目の $I_{a.c.}$ は削除される。最終的に 400 のサブユットの中で $I_{a.c.}$ の最大値 $I_{a.c.}^{max}$ が保存される。さらに，この保存された波形の最大値と最小値の出現時刻差が 10.0 ± 1.0 ms であり，かつ最大値と最小値の極性が反転しているもののみを抽出し，抽出したものを $I_{a.c.}^{max}$（50 Hz）とした。なお，E_{off} と $I_{d.c.}$ は，全データである 360 ユニットの計測値を保存した。

ステップ 2：$I_{a.c.}^{max}$（50 Hz）の小さいひずみ率の確認

ステップ 1 で抽出した $I_{a.c.}^{max}$（50 Hz）のひずみ率が小さいことを確認する。ここでは，ひずみ率が 0.1 以下の場合，ひずみ率は小さいと判定することにした。ひずみ率は，式 (3.10) から求めた。

$$ひずみ率 = \left| \frac{I_{d.c.} - \{(I_{max} - |I_{min}|)/2\}}{(I_{max} - |I_{min}|)/2} \right| \tag{3.10}$$

ここで

　　I_{max}：1 サブユニットにおけるクーポン電流密度の最大値

I_{min}：1サブユニットにおけるクーポン電流密度の最小値

図3.15は，1時間のクーポンインスタントオフ電位 E_{off}，クーポン直流電流密度 $I_{d.c.}$ およびクーポン交流電流密度 $I_{a.c.}$ の計測結果を示したものである。

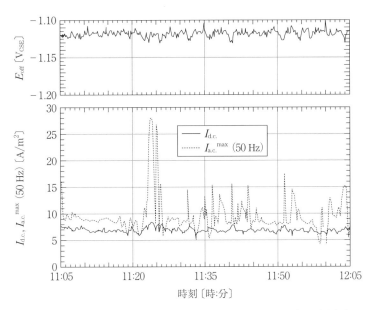

図3.15 1時間のクーポンインスタントオフ電位 E_{off}，クーポン直流電流密度 $I_{d.c.}$ およびクーポン交流電流密度 $I_{a.c.}$ の計測結果[29]

図3.16は，1ユニットにおけるアノード電流密度のピーク値とカソードピーク値との関係を示したものである。図中の点線は，アノード電流密度のピーク値とカソードピーク値が等しい，すなわち両者に対称性があることを示す。計測で得られた実線は，点線と平行でカソード分極の程度がアノード分極の程度より大きく，カソードとアノードのピークシフト量が等しいことを示している。その状況は，図3.17によって具体的に表すことができる。

表3.3は，1時間のクーポンインスタントオフ電位 E_{off}，クーポン直流電流密度 $I_{d.c.}$ およびクーポン交流電流密度 $I_{a.c.}$ と，各値の標準偏差を示したものである。これをまとめると，以下のとおりである。

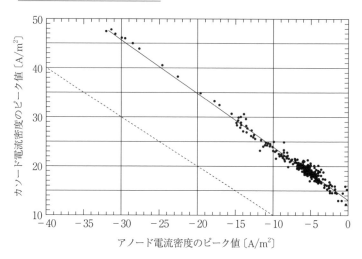

図 3.16 1 ユニットにおけるアノード電流密度のピーク値とカソード電流密度との関係

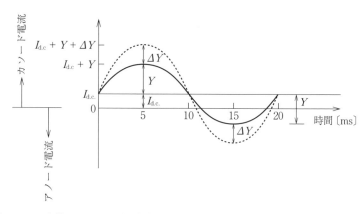

図 3.17 一定値のクーポン電流密度を中心としたアノード電流とカソード電流の変化

(1)　クーポンインスタントオフ電位が，$-1.132\sim-1.105\,\mathrm{V_{CSE}}$ と ISO 15589-1 を満足していた。

(2)　$I_{\mathrm{a.c.}}\,(50\,\mathrm{Hz})$ は，$4.343\sim27.996\,\mathrm{A/m^2}$ と ISO 18086 の許容可能な交流干渉レベルである $30\,\mathrm{A/m^2}$ より小さい値を維持した。

(3)　クーポン直流電流密度の時間反動は，他の電食リスクの場合よりも小さい。このことは同時に，クーポンインスタントオフ電位の時間変動が

表 3.3 1時間のクーポンインスタントオフ電位 E_{off}，クーポン直流電流密度 $I_{d.c.}$ およびクーポン交流電流密度 $I_{a.c.}$ と各値の標準偏差

クーポンインスタント オフ電位 E_{off}〔V_{CSE}〕	平 均 値	−1.119
	最 大 値	−1.105
	最 小 値	−1.132
	標準偏差	0.0044
クーポン直流電流密度 $I_{d.c.}$〔A/m^2〕	平 均 値	6.888
	最 大 値	8.432
	最 小 値	5.719
	標準偏差	0.453
50 Hz のクーポン 交流電流密度 $I_{a.c.}(50 Hz)$〔A/m^2〕	平 均 値	9.666
	最 大 値	27.996
	最 小 値	4.343
	標準偏差	3.423
$I_{a.c.}(50 Hz)/I_{d.c}$	平 均 値	1.39
	最 大 値	3.42
	最 小 値	0.73
	標準偏差	0.441

小さいという結果につながっている。上記の理由は，AT き電システム方式において，レールに流れる電流が電気車の両側の単巻変圧器に吸い上げられ，それゆえレール漏れ電流が低減されるため，直流電気鉄道システムのレール漏れ電流による大きなクーポン直流電流密度の変動現象は，結果として見られなかったのだとと考えられる。

(4)　クーポン交流電流密度のアノードとカソードのピーク値は，クーポン直流電流密度を中心に絶対値が同じ値だけ変化する。アノード電流密度のピーク値の絶対値が大きいほど，交流電流密度は大きくなる。交流電流密度が大きい状態は，鋼表面を粗くし，鋼/電解質界面においてアノード反応である鋼の溶解反応を進行させると考えられる。

◉コラム：瞬時的に変化する交流の電圧と電流はどのように表示するのか？

電圧と電流が 50 Hz の交流の場合，各値は時々刻々変化するので，交流電圧の瞬時値 v と交流電流の瞬時値 i は以下のように表される。

$$V = V_{\mathrm{m}} \sin 2\pi ft$$
$$I = I_{\mathrm{m}} \sin 2\pi ft$$

ここで

V_{m}：交流電圧の最大値　　I_{m}：交流電流の最大値

時間 t〔s〕の代わりに角度 θ〔rad〕を用いると $2\pi ft = \theta$ より以下となる。

$$v = V_{\mathrm{m}} \sin\theta, \qquad i = I_{\mathrm{m}} \sin\theta$$

図 3.18 は，周波数 50 Hz の交流電圧の瞬時値の変化を示したものである。

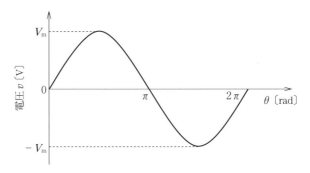

図 3.18　周波数 50 Hz の交流電圧の瞬時値の変化

実効値とは，交流電圧と交流電流の瞬時値の 2 乗の 1 周期の平均値を指す。ここでは交流電圧の実効値を考える。

1 周期を T〔s〕とする。$t = 0$ は $i = 0$，$t = T$ は $i = 2\pi fT = 2\pi f(1/f) = 2\pi$ となる。したがって，交流電圧と交流電流の実効値は以下のとおりになる。

$$交流電圧実効値 = \sqrt{(v^2 \text{ の 1 周期の平均値})}$$
$$= \sqrt{\frac{1}{T} \int_0^T v(t)^2 dt} = \sqrt{f\int_0^{2\pi} V_{\mathrm{m}}^2 \sin^2\theta \frac{d\theta}{2\pi f}} = \frac{V_m}{\sqrt{2}}$$

$$交流電流の実効値 = \frac{I_m}{\sqrt{2}}$$

$\sqrt{2} = 1.4$ なので，交流電圧の実効値が 10 V であると交流電圧の最大値は 14 V となる。実効値はオームの法則に従うので，一般的に交流電圧および電流は実効値で表示する。

【質問 3.1】　なぜ 1980 年代中ごろから発生した交流電食は，未然に防止できなかったのか。

[回答]　交流電食発生前のカソード防食管理は，防食電位を指標として行ってきた。パイプラインの交流電食リスクは，分極電位に加え，クーポン直流・交流電流を計測し，計測結果を ISO 18086:2019 が策定した許容可能な交流干渉レベルと照査しなければならない。その照査には，交流であるクーポン交流電流の計測が必須である。

【質問 3.2】　クーポン交流電流の計測で気を付けなければならない点はなにか。

[回答]　クーポン電流の高速サンプリング（例：0.1 ms）が必須である。高速サンプリングでないと，商用周波数のクーポン交流電流を正確に捉えることができない。

引用・参考文献

1) J.L.R. Hayden："Alternating-Current Electrolysis", 215th Meeting of the American Institute of Electrical Engineers, pp.201～229 (1907)

2) B. McCollum and G.H. Ahlborn："National Bureau of Standards Technical Paper BS T72" (1916)

3) J. Dévay, S.S.A. El-rehim and V. Takács："Electrolytic A.C. Corrosion of Iron", Acta Chimica Academiae Scientiarum Hungaricae Tomus, **52**, 1, pp.63～68 (1967)

4) F.W. Hewers："Four Phenomena Affecting Cathodic Protection and Corrosion Rates", Materials Protection, **11**, pp.67～71 (1969)

5) S.R. Pookote and D-T. Chin："Effect of Alternating Current on the Underground Corrosion of Steels", Materials Performance, **3**, pp.9～14 (1978)

6) A.W. Hamlin："Some Effects of Alternating Current on Pipeline Operation", Materials Performance, 1, pp.18～27 (1980)

74   3. 交流電食とその防止

7) W. Prinz : "AC-Induced Corrosion on Cathodically Protected Pipelines", UK Corrosion '92 (1992)

8) I. Ragault : "AC Corrosion Induced by V.H.V. Electrical Lines on Polyethylene Coated Steel Gas Pipelines", Corrosion 98 NACE International, Paper No.557 (1998)

9) P.Hartmann : "Außenkorrosionen an einer kathodisch geschützten Gasfernleitung durch 50 Hz-Wechselstrombeeinflussung", 3R International, **30**, 10, pp.584～589 (1991)

10) R.G. Wakelin and C. Sheldon : "Investigation and Mitigation of AC Corrosion on a 300 mm Diameter Natural Gas Pipeline", Corrosion 2004 NACE International, Paper No.04205 (2004)

11) C.M. Movley : "Pipeline Corrosion from Induced A.C. Two UK Case Histories", Corrosion 2005 NACE International, Paper No.05132 (2005)

12) R. Floyd : "Testing and Mitigation of AC Corrosion on 8" Line: A Field Study", Corrosion 2004 NACE International, Paper No.04210 (2004)

13) H.R. Hanson and J. Smart : "AC Corrosion on a Pipeline Located in an HVAC Utility Corridor", Corrosion 2004 NACE International, Paper No.04209 (2004)

14) G. Heim and G. Peez : "Wechselstrombeeinflussung von erdverlegten Kathodisch geschützten Erdgasz-Hochdruckleitungen", Gas-Erdgas, **133**, 3, pp.137～142 (1992)

15) ISO 18086 : "Corrosion of metals and alloys —Determination of AC corrosion —h Protection criteria" (2019)

16) M. Pourbaix : "Atlas of Electrochemical Equilibria in Aqueous Solutions", National Association of Corrosion Engineers (1966)

17) W.V. Baeckmann and W. Schwenk : "Handbuch des kathodischen Korrosionsschutzes", WILEY-VCH Verlag GmbH, Weinheim, Deutschland (1999)

18) ISO 15589-1 : "Petroleum, petrochemical and natural gas industries —Cathodic protection of pipeline systems —Part 1: On-land pipelines" (2015)

19) ISO 22426 : "Assessment of the effectiveness of cathodic protection based on coupon measurements", p.16 (2020)

20) 梶山文夫, 中村康朗, 細川裕司 : "カソード防食された土壌埋設パイプラインの交流腐食防止を考慮した防食状況評価計測器の開発", 材料と環境, **51**, 1, pp.35～39 (2002)

21) 梶山文夫："土壌埋設パイプラインの交流腐食防止を考慮したカソード防食状況評価計測器の開発",防錆管理, **47**, 7, pp.259～265 (2003)

22) F. Kajiyama and Y. Nakamura："Development of an Advanced Instrumentation for Assessing the AC Corrosion Risk of Buried Pipelines", NACE Corrosion 2010, Paper No.10104 (2010)

23) M.A. Pagano and S.B. Lalvani："Corrosion of Mild Steel Subjected to Alternating Voltages in Seawater", Corrosion Science, **36**, 1, pp.127～140 (1994)

24) 梶山文夫,細川裕司,中村康朗："土壌埋設パイプラインの交流腐食とその防止",第48回材料と環境討論会講演集,腐食防食協会 (2001)

25) W. Fuchs, H. Steinrath and H. Ternes："Untersuchungen über die Wechselstrom-korrosion von Eisen in Abhängigkeit von der Stromdichte und Frequenz", gwf Gas-Erdgas, **99**, 4, pp.78～81 (1958)

26) 中村康朗,梶山文夫："土壌埋設パイプラインの交流腐食",防錆管理, **43**, 9, pp.329～334 (1999)

27) D. Funk, W. Prinz and H.-G. Schöneich："Untersuchungen zur Wechselstrom-korrosion an kathodisch geschützten Leitungen", 3R international, **6**, pp.336～341 (1992)

28) 梶山文夫："埋設された鋼製パイプラインの交流誘導低減及び雷衝撃保護器の開発",防錆管理, **9**, pp.336～339 (2003)

29) F. Kajiyama："Alternating Current Corrosion Likelihood of Cathodically Protected Steel Pipelines by Analyzing Coupon Current for a Single Period", CEOCOR 2014, Paper 2014-10, pp.1～15, Weimar, Germany (2014)

30) F. Kajiyama："Proposal for a.c. corrosion process of cathodically protected steel pipelines by analyzing anodic and cathodic coupon current densities", CEOCOR 2015, Paper 2015-05, pp.1～16, Stockholm, Sweden (2015)

31) 新井浩一,伊藤二朗,榎本龍幸,濱寄正一朗,三浦　梓,持永芳文："高速運転に適した交流き電システムの開発 ―ATき電システムはどのように開発され発展したか―",(社)日本鉄道電気技術協会 (2010)

自　然　腐　食

　自然腐食は，電食（迷走電流腐食）と異なり，電解質中の電子伝導体として連続な金属が，金属内で形成される腐食電池によって起こる腐食を指す。ここでは，自然腐食をマクロセル腐食，選択腐食，微生物腐食およびミクロセル腐食の四つに分類し，それぞれの内容について述べることにする。

4.1　マクロセル腐食

　マクロセル腐食（macro-cell corrosion）とは，腐食するアノードサイトが固定されて起こる腐食である。腐食の初期にアノードとなったサイトは，経過時間にかかわらずアノードでありつづける。定性的ではあるが，カソード面積が大きく，またカソードとアノード間距離が大きい（マクロ）ので，マクロセル（巨大電池）という用語となっている。マクロセル腐食には，異種環境マクロセル腐食と異種金属接触マクロセル腐食がある。

4.1.1　異種環境マクロセル腐食
　同一金属材料のパイプラインが異なった環境に跨がって埋設されたことにより形成された腐食電池による腐食が，**異種環境マクロセル腐食**である。コンクリート/土壌マクロセル腐食と，通気差マクロセル腐食とがある。
　〔1〕　**コンクリート/土壌マクロセル腐食**　　鋼製パイプラインがコンクリート中と土壌中に跨がっている場合，コンクリート中の鋼製パイプラインの電位が $-0.2\mathrm{V_{CSE}}$ であるのに対し，土壌中の鋼製パイプラインの電位は -0.5

〜－0.8 V$_{CSE}$であるため，その差が腐食の駆動力になり，コンクリート中の鋼製パイプラインがカソード，土壌中の鋼製パイプラインがアノードとなって腐食する（**図 4.1**）。これを**コンクリート/土壌マクロセル腐食**という。この腐食の駆動力は，コンクリート中の鋼製パイプラインの管対地電位と土壌中の鋼製パイプラインの管対地電位の差である。そこで，土壌中の鋼製パイプラインの管対地電位は，好気性の砂よりも嫌気性の粘土に埋設されたほうがマイナス寄りの値を示すので，コンクリート/土壌マクロセル腐食の駆動力が大きくなり，粘土中の鋼製パイプラインはより速い速度で腐食が進行することになる。一般に，コンクリート中の鋼製パイプラインは鉄筋同様腐食しにくいといわれているが，コンクリート中の配管がコンクリートを出た所でどのような電気的接続状態になっているか，腐食リスクの部位はないか，を確認する必要がある。

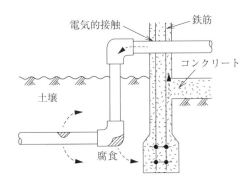

図 4.1 コンクリート/土壌
マクロセル腐食

〔2〕 **通気差マクロセル腐食** 同じ土質の土壌であっても，通気差があると腐食電池が形成される。土壌中の酸素濃度，水分量など，その原因は多く，通気性のよりよい環境に埋設された鋼製パイプラインがカソード，通気性の悪

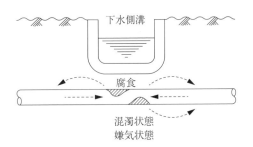

図 4.2 通気差マクロ
セル腐食

い環境に埋設された鋼製パイプラインがアノードとなり腐食する。これを**通気差マクロセル腐食**（differential aeration macrocell corrosion）という。腐食のメカニズムの本質は，異種土壌マクロセル腐食と同じである（**図4.2**）。

4.1.2　異種金属接触マクロセル腐食

〔1〕　**異種金属接触マクロセル腐食**　　異なった種類の金属の電気的導通状態で起こる腐食を指す。**図4.3**は，ステンレス鋼の 直 管部と砲金の継手部とが，電気的導通状態で接続された例を示したものである。ステンレス鋼の対地電位はかなりの幅を有するが，ステンレス鋼に対して砲金の対地電位がかなりマイナス側の値を示す土壌環境の場合には，砲金がアノードとなり腐食する。直管が腐食しにくいステンレス鋼であっても砲金継手が腐食するので，配管系として機能を果たさなくなる。腐食した砲金継手を新品に取り換えたとしても時間の問題で，砲金継手は再び腐食する。腐食の再発防止は，腐食原理の正しい理解によってなされる例である。

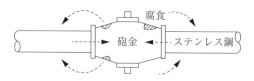

図4.3　異種金属接触マクロセル腐食

〔2〕　**新旧管マクロセル腐食**　　旧管である既設の鉄管は，通常，鉄酸化物の生成により管対地電位がプラス側の値を示す。そこで，例えば既設の鋳鉄管と新設の鋼管が電気的導通状態にあると，前者がカソード，後者がアノードとなって，新設の鋼管が腐食する（**図4.4**）。このような腐食を**新旧管マクロセル腐食**と称する。通常，鋳鉄管はコーティングのない裸管である。鋼管にコーティングが施されコーティング欠陥部面積が小さい場合，大きなカソード，小さなアノードの組合せとなり，コーティング欠陥部が大きな速度で腐食する。このような場合，既設管に対し，新品の鋼製導管が新品とは思えない異常な速さで腐食するという，通常考えられない現象が起こりうるのである。

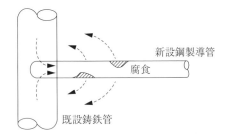

図 4.4 新旧管マクロ
セル腐食

〔3〕 **ミルスケールマクロセル腐食** 高温圧延の鋼に生成したミルス
ケールは，埋設パイプラインの鋼面との間で異種金属接触腐食の腐食電池が形
成される。光沢のある軟鋼は，$-0.5 \sim -0.8\,\mathrm{V_{CSE}}$ と鋼上のミルスケール
の $-0.2\,\mathrm{V_{CSE}}$ よりもマイナスの電位であるため，光沢のある鋼面が腐食する。
これが，**ミルスケールマクロセル腐食**である。

4.2 選 択 腐 食

選択腐食（selective corrosion）とは，合金成分のうち一成分だけが選択的
に溶出し，抜け去っていく腐食を指す。

4.2.1 黒 鉛 化 腐 食

鋳鉄は鋼より炭素含有量の多い金属であるが，炭素は鉄よりもプラス側の電
位を有するため，炭素がカソード，鉄がアノードとなる腐食電池が形成され，
鉄のみが腐食し，黒鉛が残る。この腐食を**黒鉛化腐食**（graphitic corrosion）
と称し，鋳鉄に固有の腐食形態である。黒鉛化腐食は，片状黒鉛鋳鉄管のみな
らず，球状黒鉛鋳鉄管（**ダクタイル**鋳鉄管）でも起こる。**図 4.5** は，粘土質土
壌に 16 年間埋設された，天然ガスを輸送する呼び径 150 mm のダクタイル鋳鉄
管の黒鉛化腐食の様相を，金属組織写真とともに示したものである[1]。図 (c)
の金属組織写真より，炭素が球状であることがわかる。管内面は腐食性のない
天然ガスが流れているためまったく腐食しておらず，腐食が外面の土壌側から
のみ進行したことがわかる。黒鉛化腐食は，管の形状を保っているので，目視

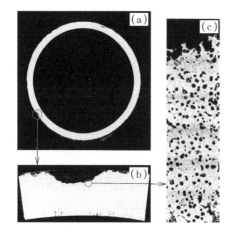

(a) 輪切りにしたダクタイル鋳鉄管
(b) (a)で黒鉛化腐食した黒色部分を
　　含む管断面
(c) (b)で黒鉛化腐食した黒色部分を
　　含む金属組織

図4.5 ダクタイル鋳鉄管の黒鉛化腐食

では腐食していると判定できない。

　しかしながら，鉄が溶出し，炭素が残っているので，管の強度は著しく低下している場合がある。同じ呼び径に対し，ダクタイル鋳鉄管の管厚は片状黒鉛鋳鉄管の50%なので，同じ環境であればダクタイル鋳鉄管の寿命は片状黒鉛鋳鉄管の半分となる。黒鉛化腐食は，微生物活動の影響を受けて進行することがあるが，この微生物活動の影響を受けて進行した黒鉛化腐食の実例については，5章の5.8.4項で述べる。

4.2.2 脱 亜 鉛 腐 食

　銅-亜鉛系合金において，合金中の亜鉛成分が溶出して抜け去っていく腐食を，**脱亜鉛腐食**（dezincification corrosion）という。

4.3 ミクロセル腐食

　金属表面上のアノードとカソードが明確に区分されず，微視的な無数の腐食電池が形成され，ほぼ均一に進行する腐食を**ミクロセル腐食**（microcell corrosion）という。

　なお，微生物腐食については，5章で述べる。

─── 🐟コラム：異種金属接触腐食を逆手にとって防食へ ───

　近年，腐食した鉄筋コンクリート構造物を Zn で防食する，いわゆる流電陽極
カソード防食システムが適用されている[2]。Zn と鉄筋が同じ電解質中で金属接
触すると，Zn が異種金属マクロセル腐食するが，このときの Zn の腐食電流が
鉄筋の防食電流となるのである。このとき Zn がアルカリ環境で鉄筋を防食させ
るのに十分なアノード電流を発生させること，換言すれば活性であることを確
認することが必要である。

【質問 4.1】　通気差マクロセル腐食は，どのようなパイプラインの状態で起
こるのか？

　[回答]　裸の鋳鉄管，裸（コーティングのない）の鋼管で発生する。腐食は鋼が
水と酸素と結合する現象なので，酸素濃度のより高い電解質に埋設，または浸漬さ
れたパイプラインのほうが，腐食速度が速いというイメージをもつかもしれないが，
酸素濃度のより低い電解質に埋設，または浸漬されたパイプラインのほうが，アノー
ドとなって腐食速度が速いのである。どちらのほうが腐食しやすいのか迷ったら，1
章の表 1.1 にある，中性の土壌中および水溶液中の材料の実際の腐食電池列，を思い
出すことが重要である。

【質問 4.2】　コンクリート/土壌マクロセル腐食は，コンクリートがアルカ
リ性であるため，コンクリート中の鋼が土壌中の鋼より腐食しにくいと考えて
よいのか？

　[回答]　その考えは誤りである。コンクリート中の鋼の電位が土壌中の鋼の
電位よりもプラス寄りで，両者の鋼が閉じた腐食電池を形成しているので，土
壌中の鋼がアノードとなって腐食するという考え方が正解である。

引用・参考文献

1)　梶山文夫：“電気化学的手法を用いた鉄管の土壌腐食に関する研究”，東京工
　　業大学博士論文（1989）
2)　例えば，D. Whitmore and M. Miltenberger：“Galvanic Cathodic Protection of Cor-
　　roded Reinforced Concrete Structures”, Materials Performance, **58**, 10（2019）

5 微生物腐食とその防止

微生物腐食（microbiologically influenced corrosion）とは，ISO 8044:2015 Corrosion of metals and alloys —Basic terms and definitions によると，「腐食システムに存在する微生物が関わる腐食（corrosion associated with the action of micro-organisms in the corrosion system）」と定義されている[1]。土壌は，微生物の宝庫であることから，土壌に埋設されたパイプラインの腐食防食は微生物活動と密接な関係にある。本章では，微生物腐食について記述する。

5.1 微生物腐食研究史俯瞰

Iverson によれば[2]，金属の腐食に微生物が関わることがあることを意識した最初の人は，1891 年イギリスの J.H. Garrett[3] であるとされている。Garrett は，窒素化合物を含む水によって鉛の腐食が促進されることを論じて，窒素化合物源は有機物の腐敗にあると考えた。その後，1910 年，アメリカの R. H. Gaines は非常に多量の硫黄が存在することを示しながら[4]，水道管の内面と外面の腐食に鉄酸化細菌（以下，IOB と表記する）と硫黄酸化細菌（以下，SOB と表記する）が関与したことを明らかにした。1919 年，アメリカの D. Ellis[5] と E.C. Harder[6] は，鉄細菌（以下，IB と表記する）による水道管の錆瘤の生成について報告した。

そして，1934 年，オランダの von Wolzogen Kühr と van der Vlugt が，硫酸塩還元菌（以下，SRB と表記する）がカソード復極をもたらすことによって鋳鉄の腐食を促進するという説（カソード復極説）を提出して[7]，金属の微生

物腐食研究に一大刺激を与え，これが契機となって広く研究が行われるように
なった。この説は，腐食現象と微生物の活動とを結び付けた最初のものであ
る。その後，現在に至るまで，微生物腐食の研究は SRB に関するものが圧倒
的に多い。その理由は，SRB が pH 7 を中心とするごく自然の中性域で，水系，
土壌系の環境を問わず幅広く生息し，SRB の活動の結果生成する硫化水素や
硫化鉄が，金属の腐食に大きな影響を及ぼすからである。近年，自然海水中の
好気性菌によるステンレス鋼の微生物腐食や，淡水中の好気性菌による銅の微
生物腐食の研究も活発に行われるようになってきている。なお，各微生物の生
態学的特徴については，改めて後述する。

　自然の場では，多種多様の微生物が相互に深い関係をもちつつ生息してお
り，配管形状や流体の流速，流体が間欠的に流れているかどうか等々に至るま
で，数多くの因子が腐食に関係する。したがって，実験室試験を行う場合，自
然の場で起こっている現象のなにを検討しようとしているのか，つねに考えな
ければならない。これまでに調べられた微生物は，まだ微生物総数の1%にも
満たない状況である。単離が困難な低栄養細菌が腐食に関与していることも十
分考えられ，微生物腐食研究は，いまだベールに包まれた部分が多いのであ
る。

5.2　微生物の特質

微生物の特質として，以下に示す (1) から (6) が挙げられる。

(1)　**すきまに侵入・増殖できる微小サイズ**　　長さが 1 μm から 100 μm 程
　　度と微小であるため，すきまに侵入して増殖することができる。

(2)　**同一環境中に多様な種が生存**　　同一環境中に，まったく異なった増
　　殖条件を要求する微生物が生存している場合がしばしばある。

(3)　**厳しい環境に対する耐性特質**　　微生物は温度（0～100℃以上），pH
　　（1～12），酸素濃度（0.01～10 ppm 以上）および食塩濃度（0.1 M 以下
　　～2 M 以上）と，幅広い範囲で生存する。温度は，0℃を好適条件とする

低温細菌から，100℃ 以上でも生存できる耐熱性の胞子をつくる *Bacillus* まで生存する。pH については，pH 1 の硫酸溶液中で生存する *Thiobacillus thiooxidans* から，pH 12 で生存する *Agrobacterium radiobacter* まで存在する。酸素濃度については，0.01 ppm で生存する嫌気性菌から，10 ppm 以上で生存する好気性菌まで存在する。食塩濃度については，0.1 M 以下を好適条件とする多くの土壌低栄養菌から，2 M 以上の *Halobacterriium* (古細菌) まで存在する。このように微生物は，動植物が生存できない極限条件の環境で生存することができる。

(4)　**常温・常圧で起こりえない反応を起こす特質**　　常温・常圧の化学反応で SO_4^{2-} を S^{2-} に還元することは不可能であるが，SRB は常温・常圧の嫌気性環境で SO_4^{2-} を S^{2-} に還元することができる。

(5)　**微視的住み場所**（micro-habitat）**である固/液界面に住み着き，アノード，カソード反応の進行とともに増殖し，固/液界面を周囲の環境（バルク）とは著しく異なる化学的状態にする特質**　　自然環境は，どのような場所，条件でも，固形物が豊富に存在し，その表面に多くの微生物が吸着して生存している[8]。固体表面は微生物の栄養物である有機物やイオンが吸着しやすい。固/液界面は，電気二重層構造で，かつバルクよりも電位勾配が大きいことから，多くのイオンを引き付けると考えられる。固体が Fe の場合，アノード反応で生成した Fe^{2+} は IOB や IB の栄養物となる。カソード反応として溶存酸素の消費反応が進行すると，Fe/液界面は嫌気性となって SRB のような嫌気性菌が増殖し，この界面の硫化物濃度はバルクと比較して著しく高くなる。また，金属表面の生物皮膜の存在は，バルクの化学的状態とは著しく異なる金属/生物皮膜界面の化学的状態をつくり出す。

(6)　**環境変化に対する耐性特質**　　例えば，土壌中の地下水位の低下によって嫌気性環境から好気性環境に変化すると，SRB は凝集体を形成して，酸素の侵入を避ける場所に生息する。もし酸素レベルが高いならば，SRB が水の漂積物や空隙に存在する可能性を示唆していることを覚えて

おかなければならない[9]。酸素の消費反応であるカソード反応が進行すると，金属/電解質界面は嫌気性環境になるため，好気性菌の活性が低下し，この微生物にとって生息に不利な環境になり，極端な場合，好気性菌は休眠するが，それでも容易に死滅しない。

5.3 微生物腐食の特異性

上記の微生物の特質が微生物腐食の特異性をつくることになる。微生物の主な特異性として，以下に示す (a)～(c) が挙げられる。

(a) 従来マイルドと見なされる環境中の金属の短期腐食を誘起　　Borenstein と Lindsay は，直径 6 インチの AISI タイプ 304L ステンレス鋼（UNS S30403）パイプの溶接部および熱影響部が，パイプ内の < 100 ppm の低塩化物濃度のマイルドの水中で，バイオフィルム内の IB を含む微生物の活動により 9 箇月で穿孔したことを報告している[10]。

(b) 金属表面の生物皮膜による自然電位プラス側シフトとガルバニックセル形成による金属腐食の促進　　自然海水中のステンレス鋼の表面に，微生物とその分泌物から構成される生物皮膜（バイオフィルム，biofilm）により自然電位がプラス側にシフトし，すきま腐食のような局部腐食を誘起する[11]。Dexter と LaFontaine は，自然海水中において，生物皮膜により電位がプラス側にシフトしたステンレス鋼はカソードとなり，他の浸漬直後の金属，例えば構造材料として用いられる銅，アルミニウム合金，鋼，あるいは亜鉛とガルバニックセルを形成し，この中で銅が最も腐食することを報告している[12]。通常，電位がプラス側の値でカソードとなるはずの銅が最大の腐食量を示したことは，注目に値する。Dexter と LaFontaine は，この腐食速度を，Evans ダイアグラムを用いて説明している[12]。

(c) 選択腐食の誘起　　例えば，ステンレス鋼パイプは，溶接部およびその近傍が集中的に腐食することが多い[13]。溶接部およびその近傍では，

構造上各種の溶質が吸着し，濃縮される。そこで溶質が微生物の栄養物であると，微生物が増殖することになる。また，有機物の栄養物濃度の低い環境においても，このような溶質の濃縮が，微生物の増殖を促進すると考えられる。

5.4　土壌中の鋳鉄の腐食

土壌は微生物の宝庫であり，小匙一杯の土壌に優に地球上の総人口に匹敵する数の微生物が住んでいるといわれる。その土壌中，相当距離数に達するガス，水道などのライフラインが，主に鋳鉄材料のパイプラインとして古くから埋設されている。そこで金属材料と環境の組合せを考えると，微生物腐食は土壌に埋設された裸の鋳鉄材料で最も発生する確率が高いと考えられる。1964年，Booth は，イギリスにおける埋設パイプラインの腐食の少なくとも 50%は，SRB の活動によるものとしている[14]。また 1987 年，Iverson は，埋設パイプラインの腐食の原因として，主に SRB の活動を挙げている。Iverson は，1987 年の時点において，アメリカにおいてはパイプライン関係者に微生物腐食の概念がないが，イギリスと同等か，あるいはそれ以上の微生物腐食が起こっていると考えられる，と述べている[2]。

5.5　土壌腐食に深く関与する微生物

土壌腐食に深く関与する微生物として，ここでは硫酸塩還元菌，メタン生成菌，鉄酸化細菌，硫黄酸化細菌，および鉄細菌を取り上げる[15]。**図 5.1** は，これらの微生物の顕微鏡写真を示したものである[15]。

5.5.1　硫酸塩還元菌（**SRB**）
空気の存在しない土壌中における硫化水素および硫化鉄の生成が，微生物の活動によるものであることを，微生物学的に最初に明らかにしたのは Beijerinck

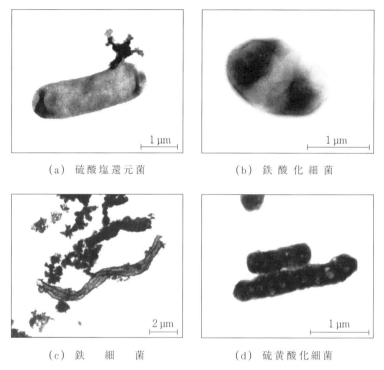

（a）硫酸塩還元菌　　　　　　　（b）鉄酸化細菌

（c）鉄　細　菌　　　　　　　（d）硫黄酸化細菌

図 5.1　土壌腐食に深く関与する微生物の顕微鏡写真[15]

で，1895年にも 遡（さかのぼ）る。Beijerinck はその微生物を *Spirillum desulfuricans*，後に *Microspica desulfuricans*（*Desufovibrio*（*D.*）*desulfuricans*）と命名した。この微生物の活動は，Beijerinck によって**硫酸塩還元**と名づけられた[16]。この研究は，**硫酸塩還元菌（SRB）**活動を明らかにした原点であろう。その後，硫酸イオンの還元の生化学的研究は，主として *D. desulfuricans* を用いて行われた。Delden（1904年）[17] および Baars（1930年）[18] は，乳酸塩を炭素源とする実験により，消失した硫酸と生成した硫化水素との収支が合うことを明らかにしている。1931年，Stephenson と Stickland は，菌懸濁液を用いて水素ガス（分子状水素）を水素供与体とした際の硫酸還元は，「$H_2SO_4 + 4H_2 \rightarrow H_2S + 4H_2O$」の反応式によく一致することを見出した[19]。その後，1945年ごろから1950年ごろにかけて *D. desulfuricans* は，水素ガス気流下の無機培地

に，硫酸塩を電子受容体とした嫌気条件下で生育できると報告され，この微生物は独立栄養細菌と考えられた。しかし，無機培地における生育度はきわめて低く，乳酸塩やピルビン酸塩のような有機物をエネルギー源にするとよく生育することがわかった。以上より，現在は，*D. desulfuricans* を主要な細菌属とする SRB は従属栄養細菌に分類されることが多い。SRB は，pH 5〜9.5 の嫌気性環境で活動し，いったん成長を開始すると，その環境の化学的，物理的特性は著しく変化するといわれている。

わが国において，SRB は農学の視点からも，水田土壌を対象に研究がなされてきた。古坂は，水田土壌における SRB の大部分はヒドロゲナーゼ活性を有し，分子状水素で硫酸塩を還元するという性質に注目し，硫酸塩を水素受容体として，分子状水素の吸収能から逆に SRB の活性を求める方法を考案した[20]。硫酸塩還元反応の活性は，熱処理により完全に低下すること，硫酸塩のみでなく，亜硫酸塩，チオ硫酸塩によっても類似の反応が起こること，pH および硫酸塩濃度によって影響されること，化学量論的に「$SO_4^{2-} + 4H_2 \rightarrow S^{2-} + 4H_2O$」の反応式に従うことなどから，この反応は土壌中の SRB のポテンシャルな活性を示すものであると結論づけた。上記の古坂が提出した反応式は，1931 年，Stephenson と Stickland が提出した反応式と化学量論的には同じである。

SRB は，酵素化学的な研究対象としても検討が進められてきている。石本ら[21),22)] および Postgate[23),24)] は，時期を同じくして，独立に *Desulfovibrio* 属の微生物の SO_4^{2-} の還元反応の代謝経路を明らかにした。SRB は，1970 年代半ば以前まで，乳酸を電子供与体として生育すると考えられ，この微生物の計数や培養には乳酸を必ず添加することが行われてきた。ところが，1977 年，Widdel と Pfennig[25)] によって，酢酸を電子供与体として生育する *Desulfotomaculum acetoxidans* が報告されて以後，乳酸以外の多種類の脂肪酸や芳香族化合物を酸化できる各種の SRB が相次いで報告されている[26)〜28)]。それゆえ，SRB による腐食といっても菌種によってエネルギー源，炭素源，ヒドロゲナーゼ活性の有無などが異なるため，今後は研究者が対象としている菌種とその生理化学的反応を明確に把握しておくことも，微生物腐食反応メカニズムの解明に大いに

寄与することになろう。このことは，SRB以外の微生物を研究対象とするときも同様のことがいえるが，なによりも生理化学的反応が明らかになっている菌数があまりにも少ないことが，微生物腐食メカニズム解明の障害になっている。

5.5.2 メタン生成菌 (**MPB**)

　嫌気性の生態系における微生物の活動は，有機物の分解と密接な関係をもっているとされている。すなわち，**図5.2**に示すように[29]，種々の高分子物質は低級脂肪酸，アルコール，水素，二酸化炭素，アンモニアなどに分解される。生成した酢酸以外の脂肪酸とアルコールは，さらに酢酸および水素と二酸化炭素へと分解される。このような過程で生成した酢酸および水素と二酸化炭素は，メタン生成菌によってメタンへと変換される。すなわち，この**メタン生成菌**（**MPB**）は有機物の嫌気的分解の最終過程を担うということができる。

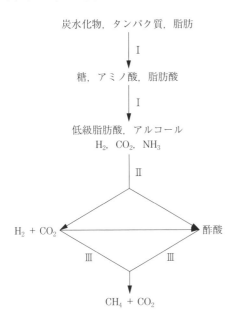

炭水化物，タンパク質，脂肪
↓ I
糖，アミノ酸，脂肪酸
↓ I
低級脂肪酸，アルコール
H_2, CO_2, NH_3
↓ II

$H_2 + CO_2$ ← → 酢酸
III　　　III
↓
$CH_4 + CO_2$

Ⅰ．酸生成菌（acid-forming bacteria）
Ⅱ．水素生成菌・酢酸生成菌
Ⅲ．メタン生成菌

図5.2　有機物の嫌気的分解過程[29]

硫酸塩還元菌の菌種に酢酸と水素を電子供与体として消費できるものがいることを考えると，メタン生成菌と硫酸塩還元菌は酢酸と水素を取り合うことが予測される。一般に酢酸と水素を消費する場合，熱力学的には**表5.1**に示すように硫酸塩還元反応のほうが優位にある[30]。また，酢酸と水素に対する親和性は，硫酸塩還元菌のほうがメタン生成菌よりも強いと見なされている。また，硫酸塩還元反応には，硫酸イオン濃度も関係していると考えられる。

表5.1 メタン生成反応式と硫酸塩還元反応式および各反応の
自由エネルギー変化[30]

反 応 式	$\Delta G^{\circ\prime}$〔/kJ〕
$4H_2 + HCO_3^- + H^+ \leftrightarrow CH_4 + 3H_2O$	-135.6
$4H_2 + SO4^{2-} + H^+ \leftrightarrow HS^- + 4H_2O$	-151.9

以上より，硫酸イオン存在化において，メタン生成は硫酸塩還元反応に阻害されると考えられるが，多種の微生物が生息する自然界の腐食系で，硫酸塩還元菌とメタン生成菌との関係がどのようになっているかはまだ不明であり，これを把握することは，微生物腐食メカニズムを明らかにするためにも重要である。

5.5.3 鉄酸化細菌（IOB）

鉄酸化細菌（IOB）は，主要な細菌属名は，*Thiobacillus ferrooxidans*であり，第一鉄イオン（Fe^{2+}）や無機硫黄化合物をエネルギー源とし，CO_2を炭素源とする好気性の化学独立栄養細菌である。*T. ferrooxidans*すなわち鉄酸化細菌IOBは，硫酸酸性（最適pH 2.0〜2.5で，上限pHは3.5と4.0の間であるとされている）の好気的条件下でFe^{2+}をFe^{3+}に酸化することにより，炭酸同化を行う細菌である。このとき酸化されるFe^{2+}と吸収される酸素のモル比は4：1であることが，SilvermanとLundgrenによって明らかにされている[31]。これによると，反応式は，式(5.1)に示すようになる。

$$2Fe^{2+} + \frac{1}{2}O_2 + 2H^+ \rightarrow 2Fe^{3+} + H_2O \tag{5.1}$$

このときの自由エネルギー変化$\Delta G^{\circ\prime}$は，Ingledewによると pH 2.0において

$-8.1\,\mathrm{kcal/mol}$ であるとされている[32]。Silverman らの報告の後,今井,杉尾,安原および田野は,IOB の無傷の細胞懸濁液を用いて $FeSO_4$ を酸化させたところ,細胞は 28 µmol の $FeSO_4$ を完全に酸化して 7 µmol の酸素吸収を示したことを明らかにし,これより式 (5.2) に従って酸化反応が進行することを確認した[33]。

$$4FeSO_4 + O_2 + 2H_2SO_4 \rightarrow 2Fe_2(SO_4)_3 + 2H_2O + 32\,\mathrm{kcal} \qquad (5.2)$$

これは式 (5.1) を裏付けるものである。

式 (5.2) で示した $Fe_2(SO_4)_3$ は,式 (5.3) に示すようにエネルギーの出入りのない非生物的な化学的加水分解反応を受ける。

$$2Fe_2(SO_4)_3 + 12H_2O \rightarrow 4Fe(OH)_3 + 6H_2SO_4 \qquad (5.3)$$

式 (5.2) と式 (5.3) から

$$FeSO_4 + O_2 + 10H_2O \rightarrow 4Fe(OH)_3 + 4H_2SO_4 + 32\,\mathrm{kcal} \qquad (5.4)$$

式 (5.4) を見てわかるように,IOB は生物活動の結果 $FeSO_4$ を酸化すると硫酸を生成することがわかる。

5.5.4 硫黄酸化細菌(SOB)

硫黄酸化細菌(SOB)は,硫黄または無機硫黄化合物をエネルギー源とし,CO_2 を全炭素源とする好気性の化学独立細菌である。SOB として現在までに確認された中で主要なものは,*Thiobacillus* および *Sulfolobus* の 2 属である。SOB は,耐酸性が強く,生育可能範囲の pH は $0.5\sim5.5$ で,最適 pH は $2.0\sim3.5$ とされている。この微生物は,硫黄を式 (5.5) に示すように,好気的条件下で酸化する際に生じるエネルギーを用いて CO_2 を同化し,無機的環境下で生育しうるものである。S° は,元素硫黄を表す。

$$S^\circ + \frac{3}{2}O_2 + H_2O \rightarrow SO_4^{2-} + 2H^+ + 118\,\mathrm{kcal} \qquad (5.5)$$

式 (5.5) が示すように,SOB が活動している土壌環境においては,IOB が活動しているときと同じように硫酸が生成し,環境は酸性になる。嫌気性環境でSRB によって鋼および鋳鉄表面に生成された FeS が,好気性環境に変化し,

SOB の活動により酸化されて硫酸が生成し，腐食が促進されることが考えられる。

5.5.5 鉄 細 菌 (IB)

鉄細菌 (IB) には二つのタイプが含まれる。すなわち柄のある *Gallionella* と，糸状の *Sphaerotilus*, *Crenothrix*, *Leptothrix*, *Clonothrix* および *Lieskeella* である。IB は，好気性で，中性から弱アルカリ性の環境下で Fe^{2+} を Fe^{3+} に酸化する際に生じるエネルギーを利用する微生物である。自発反応として，Fe^{2+} は Fe^{3+} に酸化されるが，IB が活性高く生息している所では，この酸化速度が大きくなるのが特徴である。

5.6　Eh と pH の関係および微生物の活性域

5.6.1　Eh の決定因子

Jeffery は，たん水土壌中において $Fe^{2+} \leftrightarrow Fe(OH)_3$ の酸化還元平衡を仮定して，熱力学的考察から求めた Eh, pH および Fe^{2+} 濃度の関係が実測値にかなり適合する点などから，水田土壌の Eh は pH と関係をもちつつ，Fe^{2+} 濃度に支配されるとしている[34]。また高井は，水田土壌の風乾細土および畑状態処理土をたん水保温して，Eh, pH および Fe^{2+} 濃度の変化を検討しているが，いずれも Eh 低下，pH 上昇および Fe^{2+} 生成の間に，きわめて対応した変化が求められたことを報告している[35]。

上記のたん水状態における論文は，いずれも Eh, pH, Fe^{2+} 濃度の間に相関があることを示し，土壌中の Eh が主に $Fe^{3+} + e^- \leftrightarrow Fe^{2+}$ の酸化還元平衡反応で決定されることを明らかにしており，電動能物質としての鉄系の重要性を強調している。

以上を考慮して，関東地方の 373 地点からサンプリングされた土壌を対象として，酸化還元電位 Eh, pH, Fe^{2+} 濃度 $[Fe^{2+}]$，比重の計測，SRB, MPB, IOB および SOB の生菌数を計数した結果を基に，Eh, pH, Fe^{2+} 濃度 $[Fe^{2+}]$

の関係と微生物の活性域について以下に述べる[36]。

　図5.3は，酸素と水の還元反応およびFe^{3+}/Fe^{2+}の電位-pH図を示したものである。土壌の標準水素電極（SHE）に対する酸化還元電位Ehは，主にpHおよびFe^{2+}濃度［Fe^{2+}］によって式(5.6)で決定されることが確認された。

$$\mathrm{Eh}〔\mathrm{V_{SHE}}〕 = 0.803 - 0.0496\,\mathrm{pH} - 1.55\,[\mathrm{Fe^{2+}}]〔\mathrm{mol/L}〕 \tag{5.6}$$

Ehは，式(5.7)の簡易式で表される。

$$\mathrm{Eh}〔\mathrm{V_{SHE}}〕 = 0.778 - 0.0486\,\mathrm{pH} \tag{5.7}$$

EhとpHの相関係数は-0.612である。pHが大きく（アルカリ度が高く）なるほど，Ehがマイナス側になり嫌気性となる。

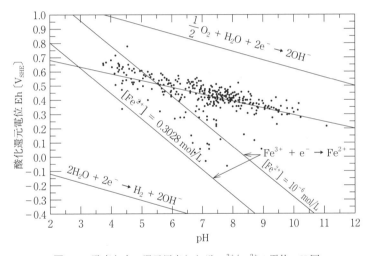

図5.3　酸素と水の還元反応およびFe^{3+}/Fe^{2+}の電位-pH図

5.6.2　EhとpHの関係における微生物の活性域

　図5.4〜図5.7は，Eh-pHダイアグラムの中でSRB，MPB，IOBおよびSOBの生菌数が10^4 cells/g-soil以上のものを黒丸で示している。同一サンプリング土壌に対して，上記4種の微生物を選択培地で増殖させ，最適計数法により各微生物の生菌数が求められている。これらの図より，各微生物の活性域が明確となり，また以下の(1)〜(3)のことが明らかである。

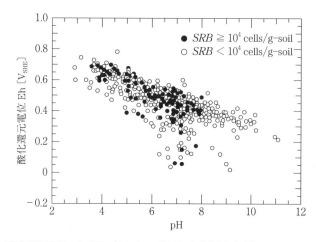

図5.4 硫酸塩還元菌の生菌数（*SRB*）に着目した酸化還元電位 Eh–pH ダイアグラム

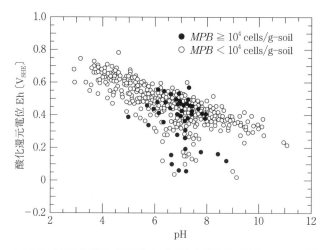

図5.5 メタン生成菌の生菌数（*MPB*）に着目した酸化還元電位 Eh–pH ダイアグラム

(1) 同一のサンプル土壌中に，まったく異なった増殖条件を要求する嫌気性菌と好気性菌の多様な微生物が生存している。

(2) 嫌気性菌である SRB と MPB の生菌数は中性域で多く，好気性菌である IOB と SOB の生菌数は酸性域で多い。

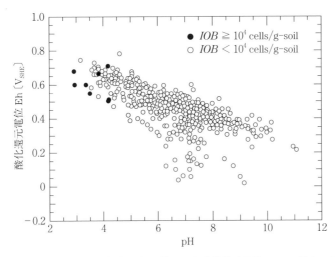

図 5.6 鉄酸化細菌の生菌数 (*IOB*) に着目した酸化還元電位 Eh-pH ダイアグラム

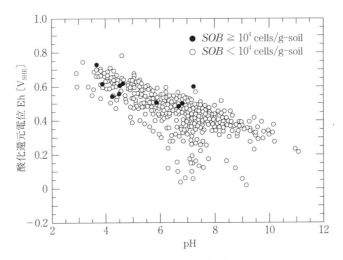

図 5.7 硫黄酸化細菌の生菌数 (*SOB*) に着目した酸化還元電位 Eh-pH ダイアグラム

5.7 微生物腐食速度

図 5.8 は，微生物の活性の高い土壌中に，環境変化のない自然腐食状態にお
いて埋設された，ダクタイル鋳鉄試験片の腐食速度を示したものである。この

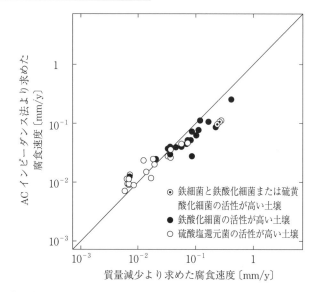

図 5.8 微生物の活性の高い土壌に埋設されたダクタイル鋳鉄試験片の自然腐食速度

図から，同時に，電気化学計測法である交流（AC）インピーダンスによる腐食速度モニタリングが可能であることもわかる。図より，微生物腐食速度は，大きい順に鉄細菌（鉄酸化細菌または硫黄酸化細菌が共生している場合が多い）＞鉄酸化細菌＞硫酸塩還元菌である。鉄細菌が活性高く生息する場合，全面腐食速度は例外なく 0.3 mm/y 以上となり，その腐食は錆瘤の形成を伴う非常に激しいものとなる。

5.8 微生物腐食メカニズム

5.8.1 硫酸塩還元菌（SRB）による腐食メカニズム

〔1〕 **von Wolzogen Kühr と van der Vlugt によって提出されたカソード復極説**　Kühr と Vlugt は，SRB が，下記に示すように水素ガスを利用することができるヒドロゲナーゼ活性を有するという，Stephenson と Stickland の論文を引用し，SRB が**図 5.9** のように腐食に関与していることを明らかにした。この図は，Kühr と Vlugt が提出したカソード復極説の反応式を示したも

$$
\begin{array}{lll}
\text{I.} & 8H_2O \rightarrow 8H^+ + 8OH^- & \text{（水のイオン化）} \\
\text{II.} & 4Fe + 8H^+ \rightarrow 4Fe^{2+} + 8H & \text{（アノードの鉄の溶解反応）} \\
\text{III.} & H_2SO_4 + 8H \rightarrow H_2S + 4H_2O \quad \text{（SRB）} & \text{（復極）} \\
\text{IV.} & 3Fe^{2+} + 6OH^- \rightarrow 3Fe(OH)_2 & \text{（腐食生成物）} \\
\text{V.} & Fe^{2+} + H_2S \rightarrow FeS + 2H^+ & \text{（腐食生成物）} \\
& 4Fe + H_2SO_4 + 2H_2O \rightarrow 3Fe(OH)_2 + FeS & \textbf{（全反応）}
\end{array}
$$

図 5.9　von Wolzogen Kühr と van der Vlugt によって提出されたカソード復極説[7]

のである。

　論文には，electrochemical，または electro-biochemical process とあるが，反応式に電子が見られず，またアノード反応式のみでカソード反応式の記述がないことから，電気化学反応を説明する反応式として理解するには十分なものとはいえない。Kühr と Vlugt の考えは，SRB がⅢ.の反応を起こすことにより，Ⅱ.の反応，すなわち鉄の溶解反応を促進させるとしている。この説は，現在でも SRB が関与する鉄の腐食反応メカニズムを論じるときに必ず引用されるくらいに有名であるが，この説に関する是非はいまだ問題となっている。Stephenson と Stickland は，水素ガス（H_2）による硫酸塩還元反応を考えたが，図 5.9 のⅢ.式では原子状水素となっている。ただし，図 5.9 の SO_4^{2-} と H の化学量論的関係は，Stephenson と Stickland の考えと同じである。

　〔2〕　**カソード復極説に対する是非**　　SRB が関与して Fe 基合金材料の大きな腐食速度がもたらされた場合に，これが Kühr と Vlugt のカソード復極説で起こると考えると，以下に示す疑問点が生じる。

　Webster と Newman は，中性の嫌気性での SRB 腐食を以下のように述べている[38]。環境水の還元反応は，中性 pH において速い腐食速度を持続することはできない。このとき，腐食速度は取るに足らない値となる。さらに，中性で嫌気性の硫化物を含む環境中での還元電位における腐食は，局部的とはならない。

　現時点では，フィールド調査に基づくと，Webster と Newman　の考えが有力と見なされる。

　Kühr と Vlugt のカソード復極説に対するこれまでの是非は，SRB を純粋培養した液体培地中で電気化学的手法である分極挙動を把握し，経時的にカソー

ド分極量が減少するかどうか，すなわちカソード復極するかどうかをもって
行ってきた。

　分極挙動を検討した既往の実験としては，Booth と Tiller[39] によるものが代
表的である。Booth らは，SRB としてヒドロゲナーゼ活性を有する
D. desulfuricans と，ヒドロゲナーゼ活性を有しない *D. orientis* を，Butlin，
Adams および Thomas[40] による培地 A に接種し，この培地に浸漬した軟鋼電
極の分極挙動を，電流を印加する方法により検討した。その結果，ヒドロゲ
ナーゼ活性を有する *D. desulfuricans* にはカソード復極現象が見られるが，
ヒドロゲナーゼ活性を有しない *D. orientis* には，顕著なカソード復極が見ら
れないことを明らかにしている。また，SRB の活動によって軟鋼表面上に生
成した硫化鉄が保護皮膜として働き，ヒドロゲナーゼ活性の有無にかかわらず
経時的にアノード分極をもたらすことも報告している。実際の軟鋼の腐食速度
は明らかにされていないが，分極曲線から判断するかぎり，小さいものと推定
される。Booth と Tiller は，SRB として，ヒドロゲナーゼ活性を有し，カソー
ド復極を示す *D. desulfuricans* タイプにおいては，Kühr と Vlugt のカソード
復極説を支持できるとしている。しかしながら，Booth と Tiller は，Kühr と
Vlugt の提出した腐食メカニズムについてはまったく考察せず，単に分極挙動
としてカソード復極が見られただけで，Kühr と Vlugt の説が正しいものであ
ると述べている。

　Costello は，*D. vulgaris*（Strain Hildenborough NCIB 8303）を用いて，SRB
の活動の結果生成する H_2S が

$$2H_2S + 2e^- \rightarrow 2HS^- + H_2 \tag{5.8}$$

の反応によって還元されることによりカソード復極現象を起こすことを分極曲
線で証明し，Kühr と Vlugt が提出した図 5.9 の Ⅳ.式がカソード復極の原因だ
とする考えを否定している[41]。

　図 5.10 は，16 年間粘土質土壌に埋設されていた呼び径 150 mm のダクタイ
ル鋳鉄管の写真である[15]。上の写真は，掘削し管体が現れた様相を，下の写真
は管表面の腐食生成物および土壌などの付着物を除去した後の様相を，それぞ

図5.10 16年間粘土質土壌に埋設されていた呼び径150 mmのダクタイル鋳鉄管[15]

れ示したものである。最大腐食速度は，0.20 mm/yであった。掘削時の管まわり土壌のpHは6.00，Ehは$-0.001 V_{SHE}$，SRBの生菌数は1×10^4/g-soilであった。管表面は，硫化鉄FeS_xを含む腐食生成物で一様に覆われていた。フィールドで生成する硫化鉄は非晶質である場合が多いので，ここでは硫化鉄をFeS_xで表すことにした。SRBの活性の高い土壌において，鋳鉄表面に付着した溶解度積が小さい（沈殿しやすい）FeS_xが，腐食の進行をある程度抑制したと考えられる。

〔3〕 **SRBが関与する鋳鉄に対する大きい腐食速度** 笠原と梶山は，二つの仕切った試験槽を用いた実験室研究を行った[42]。**図5.11**に示すように，一方の試験槽ではSRBが10^3セル/g-soil生息している粘土質土壌に，もう一方の試験槽ではSRBが生息していない砂質土壌に，それぞれダクタイル鋳鉄試験を埋設した。SRB生息している粘土質土壌中のダクタイル鋳鉄試験片がアノードに，砂質土壌中のダクタイル鋳鉄試験片がカソードになって腐食電池が形成される。カソードとアノードの腐食電位差が駆動力となり，アノードの腐食が進行することになる。

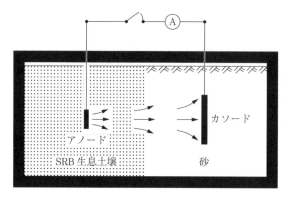

図5.11　ダクタイル鋳鉄のSRBが関与する異種土壌マクロセル腐食

　カソードの面積を一定にし，アノードの面積を3水準とした。**図5.12**が示すように，カソード/アノード面積比が81のとき，アノードの腐食速度は1.840 mm/y もの大きな値が得られた。このことは，SRBが関与する異種土壌マクロセルが形成されると，アノード表面の硫化鉄にもはや腐食抑制機能はなく，電子伝導性物質の硫化鉄が腐食電池の電子移動体になるとともに，腐食電池の回路抵抗を低下させ，大きな腐食速度をもたらしたといえる。

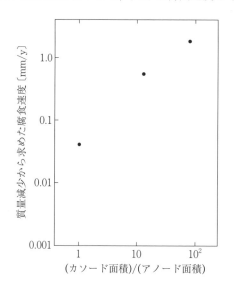

図5.12　(カソード面積)/(アノード面積)比のSRB腐食速度に及ぼす影響

また，1984 年，Hardy と Brown は，嫌気性の SRB 培養液の 7 日間の軟鋼の腐食速度は，その質量減少から $1.45\,\mathrm{mg/dm^2/day}$（$0.0067\,\mathrm{mm/y}$）と小さかったが，その後，空気にさらすと $129\,\mathrm{mg/dm^2/day}$（$0.60\,\mathrm{mm/y}$）もの大きい腐食速度がもたらされたことを発表した[43]。激しい SRB 腐食には，空気が要求されることを示したのである。

上記の研究結果は，嫌気性環境で SRB の生菌数が多い場合，鋼および鋳鉄表面に安定した FeS 沈殿皮膜が生成し，腐食は抑制されるが，異種土壌マクロセルの形成，嫌気性から空気を含む好気性環境変化が起これば，SRB 腐食は激しくなることを示している。

5.8.2 鉄酸化細菌（IOB）による腐食メカニズム

土壌はそのほとんどが pH 6〜8 の中性域の値を示す。しかしながら，土壌が pH 4 以下を示す場合，その原因は IOB の活動で生成した硫酸によるものである。青山と梶山は，走査振動電極を用いて IOB である鉄酸化細菌 *Thiobacillus ferrooxidans* が生息する培地中のダクタイル鋳鉄試験片の腐食挙動について調査し，ダクタイル鋳鉄試験片の局所的なアノードサイトの出現位置と *Thiobacillus ferrooxidans* の生息場所とが一致することを示し，*Thiobacillus ferrooxidans* の腐食の直接関与を明らかにしている[44]。pH 3.5 以下の土壌を酸性硫酸塩土壌と称し，多量の硫酸イオンが土壌中に含まれる。この土壌中において考えられるダクタイル鋳鉄の腐食反応を，青山と梶山の調査成果に基づき以下に示す。

Fe（球状黒鉛鋳鉄）が式 (5.9) のように溶出し，Fe^{2+} を生成する。Fe^{2+} は，Fe 表面近傍に溶解している SO_4^{2-} と式 (5.10) のように結合し，IOB の栄養物である $FeSO_4$ を生成する。IOB の活動により，$FeSO_4$ は式 (5.11) に従って酸化され，$Fe_2(SO_4)_3$ を生成する。生成した $Fe_2(SO_4)_3$ は，酸化剤として式 (5.12) のように直接 Fe を溶出し，$FeSO_4$ を生成する。また，$Fe_2(SO_4)_3$ は式 (5.13) のように加水分解すると考えられる。式 (5.13) で生成した $FeSO_4$ は，式 (5.11) によって再び IOB に利用され，式 (5.11) から式 (5.13) の反応がサイクリック

に進行することになる。IOBの活性が高いほどサイクリック反応が速く進行し，腐食反応が促進される。カソード反応はpHが低いことから，式(5.14)の反応が起こると考えられる。

$$\text{Fe} \rightarrow \text{Fe}^{2+} + 2e^- \tag{5.9}$$

$$\text{Fe}^{2+} + \text{SO}_4^{2-} \rightarrow \text{FeSO}_4 \quad \text{(IOB)} \tag{5.10}$$

$$\text{FeSO}_4 + \frac{1}{4}\text{O}_2 + \frac{1}{2}\text{H}_2\text{SO}_4 \rightarrow \frac{1}{2}\text{Fe}_2(\text{SO}_4)_3 + \frac{1}{2}\text{H}_2\text{O} \tag{5.11}$$

$$\text{Fe}_2(\text{SO}_4)_3 + \text{Fe} \rightarrow 3\text{FeSO}_4 \tag{5.12}$$

$$\text{Fe}_2(\text{SO}_4)_3 + 6\text{H}_2\text{O} \rightarrow 2\text{Fe(OH)}_3 + 3\text{H}_2\text{SO}_4 \tag{5.13}$$

$$2\text{H}^+ + \frac{1}{2}\text{O}_2 + 2e^- \rightarrow \text{H}_2\text{O} \tag{5.14}$$

5.8.3 硫黄酸化細菌（SOB）による腐食メカニズム

図5.7が示すように，SOBは中性域においても生息する。嫌気性環境でSRBによって生成した硫化鉄FeS_xは，SOB生息土壌で環境が好気性に変化するとSOBがFeS_xを酸化して硫酸が生成され，鋼および鋳鉄の腐食を促進することになる。

5.8.4 鉄細菌（IB）による腐食メカニズム

古くから，鉄細菌IBが腐食に関与すると錆瘤が形成され，通気差腐食電池により錆瘤の下が腐食することが知られている。ここでは，土壌中に活性高く生息するIBによる鋳鉄の腐食メカニズムとして，HCO_3^-関与モデルについて以下に説明する[45]。

異種土壌の組合せなどによる腐食反応駆動力によって，腐食サイトで式(5.15)の反応が起こる。式(5.15)の反応で生成したFe^{2+}は，式(5.16)のようにHCO_3^-とOH^-と反応してFeCO_3が生成し，これが腐食孔内を埋める。そこへさらにHCO_3^-が供給され，腐食孔内を埋めていたFeCO_3は式(5.17)の反応により溶解し，$\text{Fe(CO}_3)_2^{2-}$を生成する。$\text{Fe(CO}_3)_2^{2-}$はIBにより利用され，式

(5.18) の反応により FeOOH を生成する。生成した FeOOH は錆瘤形成物質となり，FeOOH 量が増えるに従い，通気差腐食電池のアノード–カソード間の駆動力が増大される。式 (5.18) で生成した HCO_3^- は再び式 (5.16) または式 (5.17) の反応に利用され，こうして環境中は高レベルの HCO_3^- が維持され，サイクリックに腐食が継続するため，激しい腐食がもたらされると考えられる。

$$Fe \rightarrow Fe^{2+} + 2e^- \tag{5.15}$$

$$Fe^{2+} + HCO_3^- + OH^- \rightarrow FeCO_3 + H_2O \tag{5.16}$$

$$FeCO_3 + HCO_3^- \rightarrow Fe(CO_3)_2^{2-} + H^+ \tag{5.17}$$

$$Fe(CO_3)_2^{2-} + \frac{1}{4}O_2 + \frac{3}{2}H_2O \xrightarrow{IB} FeOOH + 2HCO_3^- \tag{5.18}$$

以上のように，このメカニズムでは，IB による腐食において，IB の炭素源である HCO_3^- の役割が大きいことが特筆される。

図 5.13 は，土壌抵抗率 187 Ω·m，pH 7.51 の土壌に，管厚 8.5 mm のダクタイル鋳鉄管が 17 年埋設された様相を示したものである。最大腐食速度は 0.197 mm/y であった。IB の活動の結果，管外面には IB による錆瘤が生成し，黒鉛化腐食していたことがわかる。

錆瘤

ダクタイル鋳鉄管

黒鉛化腐食

10 mm

図 5.13　ダクタイル鋳鉄管の
外表面に鉄細菌が関与して
生成した錆瘤[45]

図 5.14 は，図 5.13 のダクタイル鋳鉄管の黒鉛化腐食部分の電子プローブマイクロアナライザ（electron probe micro analyzer，EPMA）による分析結果を示したものである[46]。SE は二次電子像のことで，管を輪切りにした分析対象が明らかとなっている。この像より，ダクタイル鋳鉄管の上に大きな錆瘤が形

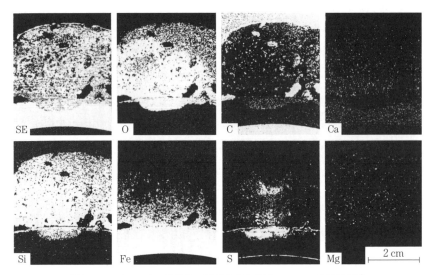

図5.14 ダクタイル鋳鉄管の黒鉛化腐食部分の EPMA 分析結果[46)]

成され，ダクタイル鋳鉄管の原形が保たれているのがわかる。錆瘤の大半は Fe，O（酸素）および Si（珪素）の化合物で構成されている。局部腐食孔の中には，O，S（硫黄），Si および C（炭素）の濃縮が見られることから，SiO_2，腐食孔に残った Fe の硫酸塩および $FeCO_3$ によって管の原形が維持されていると考えられる。

コラム：微生物腐食のあれこれ ―硫酸塩還元菌だけが腐食の悪玉？―

これまでの腐食の教科書は，微生物腐食というと硫酸塩還元菌しか記述されていなかった。本書で記述しているように，酸性から中性で活性の高い微生物も，鋼および鋳鉄の腐食に深く関与することがある。

【質問5.1】 なぜ微生物腐食の防止にカソード防食が効果的なのか。

［回答］ カソード防食により，鋼表面がアルカリ性になるので効果的である。アルカリ性は，酸性から中性の領域で高い活性を示す腐食に関与する微生物の活性を，低くするのである。

【質問5.2】　昔から硫酸塩還元菌は，鋼および鋳鉄の腐食を加速するイメージがあったが，実際はどうか。

[回答]　嫌気性環境が保持されているのであれば，鋼および鋳鉄表面に硫酸塩還元菌により生成する硫化鉄が沈殿するので，大きな腐食速度はもたらされない。嫌気性から好気性環境への変化，異種土壌マクロセルの形成があるとき，鋼および鋳鉄の腐食速度は大きくなる。

引用・参考文献

1)　ISO 8044："Corrosion of metals and alloys —Basic terms and definitions", p.4 (2015)

2)　W.P. Iverson："Microbial Corrosion of Metals", Advances in Applied Microbiology, Vol.32, Academic Press, 2 (1987)

3)　J.H. Garrett："The Action of Water on Lead", Lewis, London (1891)

4)　R.H. Gaines："Bacterial Activity as a Corrosive Influence in the Soil", The Journal of Industrial and Engineering Chemistry, **2**, pp.128～130 (1910)

5)　D. Ellis："Iron Bacteria", Methuen, London (1919)

6)　E.C. Harder："Iron Depositing Bacteria and Their Geologic Relations", U.S. Govt. Printing Office, Washington D.C. (1919)

7)　C.A.H. von Wolzogen Kühr en L.S. van der Vlugt："De Graphiteering van Gietijzer als Electro-biochemisch Process in Anaerobe Gronden", Water, **18**, 16, pp.147～165 (1934)

8)　服部　勉："微生物腐食入門 [第 2 版]", 東京大学出版会，p.12 (1995)

9)　A.K. Tiller："A Review of the European Research Effort on Microbial Corrosion Between 1950 and 1984", Biologically Induced Corrosion, Proceedings of the International Conference on Biologically Induced Corrosion, NACE, p.24 (1985)

10)　S.W. Borenstein and P.B. Lindsay："MIC Failure of 304L Stainless Steel Piping Left Stagnant After Hydrotesting", Materials Performance, **41**, 6, pp.70～73 (2002)

11)　例えば，M. Akashi, Y. Imamura, T. Kawamoto and Y. Shinozaki："Crevice Corrosion of Stainless Steels due to Marine Fouling", Boshoku Gijutsu, **24**, 1, pp.31～33 (1975)

12) S.C. Dexter and J.P. LaFontaine : "Effect of Natural Marine Biofilms on Galvanic Corrosion", Corrosion, **54**, 11, pp.851～861 (1998)

13) 梶山文夫 : " タイプ 316 ステンレス鋼の腐食に及ぼす硫酸塩還元菌の役割 ", 材料と環境. **46**. 5. p.326～331 (1997)

14) G.H. Booth : "Sulphur Bacteria in Relation to Corrosion", Journal of Applied Bacteriology, **27**, pp.174～181 (1964)

15) 梶山文夫 : " 電気化学的手法を用いた鉄管の土壌腐食に関する研究 ", 東京工業大学博士論文 (1989)

16) M.W. Beijerinck : "Zentralblatt fur Bakteriologie", Section Ⅱ, **6**, pp.1～9, 49～59, 104～114 (1895)

17) A. van Delden : "Zentralblatt fur Bakteriologie", Section Ⅱ,**11**, pp.81～113 (1904)

18) J.K. Baars : "Dissertation", Deft, p.109 (1930)

19) M. Stephenson and L.H. Stickland : "XXVⅢ. Hydrogenase, Ⅱ. The Reduction of Sulphate to Sulphide by Molecular Hydrogen", Biochemical Journal, **25**, pp.215～220 (1931)

20) 古坂澄石 : " 水田土壌における硫酸還元菌群の化学的活性について ", 東北大農研報. **19**. pp.101～184 (1968)

21) M. Ishimoto, J. Koyama, T. Yagi and M. Shiraki : "Biochemical Studies on Sulfate-reducing Bacteria. Ⅶ. Purification of the Cytochrome of Sulfate-reducing Bacteria and Its Physiological Role", The Journal of Biochemistry, Tokyo, **44**, pp.413～423 (1957)

22) M. Ishimoto and D. Fujimoto : "Adenosine-5′-phosphosulfate as an Intermediate in the Reduction of Sulfate by a Sulfate-reducing Bacterium", Proc. Japan Acad., **35**, pp.243～245 (1959)

23) J.R. Postgate : "Presence of Cytochrome in an Obligate Anaerobe", Biochemical Journal, **56**, XI (1954)

24) J.R. Postgate : "Iron and the Synthesis of Cytochrome C_3", Journal of General Microbiology, **15**, pp.186～193 (1956)

25) F. Widdel and N. Pfennig : "A New Anaerobic, Sporing, Acetate-oxidizing, Sulfate-reducing Bacterium, *Desulfotomaculum* (emend,) *acetoxidans*", Archives of Microbiology, **112**, pp.119～122 (1977)

26) F. Widdel and N. Pfenning : "Studies on Dissimilatory Sulfate-reducing Bacteria that Decompose Fatty Acids Ⅰ. Isolation of New Sulfate-reducing Bacteria

Enriched with Acetate from Saline Environments. Description of *Desulfobacter postgatei* gen. nov., sp. nov. ", Archives of Microbiology, **129**, pp.395~400 (1981)

27)　F. Widdel and N. Pfenning : "Studies on Dissimilatory Sulfate-reducing Bacteria that Decompose Fatty Acids Ⅱ. Incomplete Oxidation of Propionate by *Desulfobulbus propionicus* gen. nov., sp. nov. ", Archives of Microbiology, **131**, pp.360~365 (1982)

28)　F. Widdel, G.W. Kohring and F. Mayer : "Studies on Dissimilatory Sulfate-reducing Bacteria that Decompose Fatty Acids Ⅲ. Characterization of the Filamentous Gliding *Desulfonema limicola* gen. nov. sp. Nov., and *Desulfonema magnum* sp. Nov. ", Archives of Microbiology, **134**, pp.286~294 (1983)

29)　D.E. Hughes et al. (ed.) : "Anaerobic Digestion 1981", Elsevier Biomedical (1982)

30)　D.R. Boone and M.P. Bryant : "Propionate-Degrading Bacterium, *Syntrophobacter wolinii* sp. Nov. gen. nov., from Methannogenic Ecosystems", Applied and Environmental Microbiology, **40**, 3, pp.626~632 (1980)

31)　W.P. Silverman and D.G. Lundgren : "Studies on the Chemoautotrophic Iron Bacterium *Ferrobacillus Ferrooxidans*", Journal of Bacteriology, **78**, pp.326~331 (1959)

32)　W.J. Ingledew : "*Thiobacillus Ferrooxidans* The Bioenergetics of an Acidophilic Chemolithotroph", Biochimica et Biophysica Acta, **683**, pp.89~117 (1982)

33)　今井和民, 杉尾　剛, 安原照男, 田野達男 : "バクテリヤによる鉄の酸化", 日本鉱業会誌, **88**, pp.879~884 (1972)

34)　J.W.O. Jeffery : "Iron and the Eh of Waterlogged Soils with Particular Reference to Paddy", Journal of Soil Science, **11**, 1, pp.140~148 (1960)

35)　高井康雄 : "水田土壌の還元と微生物代謝 (1)", 農業技術, **16**, pp.1~4 (1961)

36)　梶山文夫 : "熱力学及び特性から考察した土壌の酸化還元電位", 防錆管理, **62**, 12, pp.450~453 (2018)

37)　梶山文夫 : "土壌埋設パイプラインの微生物腐食とその対策", 材料と環境, **46**, 8, pp.491~497 (1997)

38)　B.J. Webster and R.C. Newman : "Producing Rapid Sulfate-Reducing Bacteria (SRB)-Influenced Corrosion in the Laboratory", Microbiologically Influenced Corrosion Testing, ASTM STP 1232, pp.28~41 (1994)

39) G.H. Booth and A.K. Tiller : "Polarization Studies of Mild Steel in Cultures of Sulphate-reducing Bacteria", Transactions of the Faraday Society, **56**, p.1689 (1960)

40) K.R. Butlin, M.E. Adams and M. Thomas : "The Isolation and Cultivation of Sulphate-reducing Bacteria", Journal of General Microbiology", **3**, pp.46~59 (1949)

41) J.A. Costello : "Cathodic Depolarization by Sulphate-reducing Bacteria", South African Journal of Science, **70**, pp.202~204 (1974)

42) K. Kasahara and F. Kajiyama : "Role of Sulfate Reducing Bacteria in the Localized Corrosion of Buried Pipes", Biologically Induced Corrosion, Proceedings of the International Conference on Biologically Induced Corrosion, NACE, pp.171~183 (1985)

43) J.A. Harder and J.L. Brown : "The Corrosion of Mild Steel by Biogenic Sulfide Films Exposed to Air", Corrosion, **40**, 12, pp.650~654 (1984)

44) 青山　恵, 梶山文夫 : "走査振動電極を用いた鉄酸化細菌 *Thiobacillus ferrooxidans* が生息する培地中での球状黒鉛鋳鉄の腐食挙動の把握", 材料と環境, **44**, 12, pp.667~673 (1995)

45) F. Kajiyama and Y. Koyama : "Field Studies on Tubercular Forming Microbiologically Influenced Corrosion of Buried Ductile Cast Iron Pipes", 1995 International Conference on Microbially Influenced Corrosion, New Orleans (1995)

46) K. Kasahara and F. Kajiyama : "The Role of Bacteria in the Graphitic Corrosion of Buried Ductile Cast Iron Pipes", Microbial Corrosion, proceedings of the 2nd EFC Workshop, Edited by C.A.C. Sequeira and A.K. Tiller, Portugal, p.235~242 (1992)

6 カソード防食

　1章で述べたように，埋設パイプラインの腐食にはさまざまなタイプがある。しかしながら，現時点で断言できることは，すべての腐食リスクは適切な**カソード防食**（cathodic protection）によって許容レベルまで低減することが可能である，という点である。ここでは，カソード防食の原理，カソード防食適用の変遷，**カソード防食基準**（cathodic protection criteria）および**カソード防食システム**（cathodic protection system）について述べることにする。

　2020年2月現在，埋設された陸上鋼製パイプラインの国際規格として，ISO 15589-1:2015 と ISO 18086:2019 がある。ISO 15589-1:2015 は，直流であるカソード防食電流のみ存在する場合のカソード防食基準，ISO 18086:2019 は，パイプラインの交流腐食リスクを評価する場合のカソード防食基準を，それぞれ示すものである。ISO は，International Organization for Standardization の略で，国際標準化機構のことである。現在，インフラのカソード防食に関する事項が，ISO から国際規格として発行されている。

6.1　カソード防食達成の原理

　1938年，Mears と Brown は，「カソード防食を完全に有効にするために，腐食している試験片の局部カソードは，分極されない局部アノードの電位まで分極されなければならない。」ことを報告した[1]。**図 6.1** に示すように，すべてのカソードサイトを，構造物で最も電位がマイナスのアノード平衡電位まで外部からカソード分極させることによって，腐食速度がゼロになる，という考え方である。しかしながら，構造物で最も電位がマイナスのアノード平衡電位を

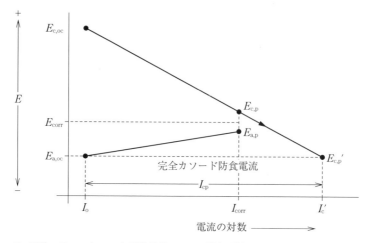

E：電位，$E_{c,oc}$：カソード平衡電位，$E_{a,oc}$：最も電位がマイナスのアノード平
衡電位，E_{corr}：腐食電位，I_{corr}：腐食電流，$E_{c,p}$：腐食電流におけるカソード
の電位，$E_{a,p}$：腐食電流におけるアノードの電位，$E_{c,p}'$：完全カソード防食電
位，I_o：最も電位がマイナスのアノード平衡電位における電流，I_c'：完全カ
ソード防食電位における電流，I_{cp}：完全カソード防食電流

図 6.1 Mears と Brown によるカソード防食達成の古典的メカニズム[1]

求めることは不可能なので，アノード平衡電位は，カソード防食基準である防
食電位にはなりえない。防食電位は，防食技術者の計測によって決定可能な値
でなければならない。

6.2　カソード防食適用の変遷

　土壌埋設されたパイプラインは，水平方向に長く直流/交流電気鉄道輸送路
かつ/または高圧交流送電線と並行している場合が多いこと，微生物の宝庫で
不均質系の土壌に埋設されていること，土壌中はカソード防食されたパイプラ
インや排流器が設置された多くのパイプラインが輻輳し，干渉リスクが高いこ
とから，直流/交流迷走電流腐食リスク，微生物腐食などの自然腐食リスクを
有するため，金属構造物の中でも腐食リスクが高いといえる。そこで，いかに
埋設パイプラインの腐食を防止するかが，パイプラインの建設と同時に大きな

課題となった。

表6.1 は，カソード防食の適用，埋設ガスパイプラインの建設，および後述するカソード防食基準の主な変遷を示したものである。ここでは，埋設された鋼製パイプラインのカソード防食の変遷を，以降に示す6.2.1項から6.2.4項

表6.1 カソード防食の適用，埋設ガスパイプラインの建設，およびカソード防食基準の主な変遷

西暦	内　　　容
1742	鋼に亜鉛コーティングを実施（フランス）[2]
1824	船の包板の銅を，鉄または亜鉛で防食（Sir Humphey Davy）[3]
1891	アメリカインディアナ州中部のガス田からシカゴまでの190 kmにおいて，世界初の長距離ガスパイプライン[4]
1907	鉛ケーブルの交流腐食防止を目指した実験により，土壌に埋設された鉛と亜鉛との間に流れる25サイクルまたは60サイクルの交流電流に，鉛に流入する直流電流を重畳させると，鉛の交流腐食が防止されること（論文ではElectrical Protection と記述，現在の Cathodic Protection）を発表（J. L. R. Hayden）[5]
1910 〜 1912	路面電車システムに起因するパイプラインの迷走電流腐食防止として，パイプ排流法カソード防食システムを推奨（アメリカ）[6],[7]
	地下に埋設された構造物の防食のため，外部電源カソード防食システムをイギリスおよびアメリカで初めて適用[8]
1916	アメリカ標準局 NBS が，分極しない飽和硫酸銅電極を最も満足する照合電極（nonpolarizable electrode）として記述[9]
1923	わが国による電解式 Al 整流器を用いた選択排流法の発明（電食防止研究委員会委員長：密田良太郎）[10]
1930	1930年代よりクーポンの使用開始[11]
1933	土壌埋設された鋼製パイプラインの最適防食電位として，「$-0.850\,\mathrm{V_{CSE}}$」を提案（R. J. Kuhn）[12]
1934	大阪市内の鉛被電力ケーブルに強制排流法（現在の外部電源カソード防食システム）による防食法を適用した計測結果を発表（電圧27 V，電流7 A，対象区間約1 km）[13]
1950	わが国最初の全溶接ガスパイプライン（大阪ガス（株）京阪連絡管：300 A，47.7 km，7 kg/cm^2（0.7 MPa））[14]
1951	わが国最初の埋設ガスパイプラインに対するカソード防食法の適用（外部電源システムと流電陽極システムの併用，大船〜藤沢間6.4 kmで，東京ガス（株），東京工業試験所，日本防蝕工業（株）が共同で実施）[14]
	わが国最初の直流迷走電流腐食対策としての排流法を適用（国鉄臨港線，安善付近に設置）[15]
	理論と実験により土壌中の鋼の防食電位$-0.850\,\mathrm{V_{CSE}}$の妥当性を発表（W. J. Schwerdtfeger and O. N. McDorman）[16]

表6.1 カソード防食の適用,埋設ガスパイプラインの建設,およびカソード
防食基準の主な変遷(つづき)

西暦	内　　　容
1957	わが国最初の高圧ガスパイプライン(旭硝子(株),現 AGC(株)大網〜五井,25 kg/cm²)[14]
1961	わが国最初の高圧 50 kg/cm²・長距離 330 km 天然ガスパイプライン(帝国石油(株),現 国際石油開発帝石(株)天然ガス輸送管東京ライン)[14]
1964	熱力学的考察により,環境が H_2S で飽和しているならば,鉄と鋼構造物の防食電位として,$-0.950\,V_{CSE}$ よりもマイナスを提案(J. Horváth and M. Novák)[17]
2001	DIN EN 12954 General principles and application for pipelines 発刊,分極電位である防食電位を指標としたカソード防食基準を策定.交流干渉に関して,このカソード防食基準に合格し,1 cm² の裸の表面に対し,交流電流密度が 30 A/m² より低いと腐食は無視できるかもしれないと記述[18].ここで,DIN 規格とは,ドイツ規格協会(Deutsche Institute für Normung)が制定するドイツ国家規格を指す.また,EN 規格とは,European Norm(欧州規格)を指す.DIN EN 規格とは,ドイツ国家規格が欧州規格になったことを意味する。
2003	ISO 15589-1:2003 Petroleum and natural gas industries —Cathodic protection of pipeline transportation —Part 1: On-land pipelines 発刊[19]
2015 3月	ISO 15589-1:2015 Second edition Petroleum, petrochemical and natural gas industries —Cathodic protection of pipeline systems —Part 1: On-land pipelines 発行[20],2003 年発行の改訂
2015 6月	ISO 18086:2015 Corrosion of metals and alloys —Determination of AC corrosion —Protection criteria 発行[21](プロジェクトリーダー:日本)交流腐食防止基準策定,交流腐食リスク計測評価方法を記述
2019 12月	ISO 18086:2015 Corrosion of metals and alloys —Determination of AC corrosion —Protection criteria 発行[22],2015 年発行の改訂
2020 2月	ISO 22426:2020 Assessment of the effectiveness of cathodic protection based on coupon measurements 発行[23](プロジェクトリーダー:日本)クーポンを用いた埋設パイプラインのカソード防食の有効性の評価を記述

に分類して述べることにする。

6.2.1　カソード防食の適用開始期

カソード防食の発想の原点は,すでに 1742 年に遡り,導通状態にある異種金属が電解質中にあると片方が腐食し,もう一方が防食される galvanic action(ガルバニックアクション)である[2]。galvanic action による腐食を galvanic corrosion(ガルバニック腐食)と称する。この原点はその後 Davy,さらに Faraday の実験によって確実なものとなった。1815 年,ナポレオンが没落し,

セントヘレナ島に配流されると，イギリスは世界随一の強国となり，イギリス
の陸海軍は大幅な経費削減に追い込まれた。しかしながら，1825年時点でイ
ギリス海軍は経費を削減しつつ強固な艦隊を維持しなければならなかった。当
時の軍艦は，木製の船体の船底を銅で覆って，木材を保護していたが，銅が海
水で腐食されたため，多額の銅の交換経費が発生した。銅の交換経費削減のた
め，1824年，Sir Humphrey Davy は，亜鉛を銅の表面に付着させることにより
銅の腐食防止を図った[3), 24)]。現在の流電陽極システムのカソード防食である。
このように，カソード防食は，土壌中の金属構造物に適用される前に，他の腐
食環境の金属腐食防止技術として発展したのである。長年にわたり，船体，ボ
イラーなどの防食のため，流電陽極として亜鉛が用いられてきた。

1891年，アメリカインディアナ州中部のガス田からシカゴまでの190 km の
区間に，世界初の長距離ガスパイプラインが建設された[4)]。

20世紀に入り，アメリカの経済発展に伴い，電車システム，ガス・水道・
電信などのライフラインの整備が進んだ。埋設金属構造物に対して外部電源方
式によるカソード防食が適用されたのは，1910年から1912年にかけて，イギ
リスとアメリカが最初である[8)]。

1910年，アメリカにおいて，路面電車システムのレール漏れ電流に起因す
るパイプラインの迷走電流腐食防止として，パイプと路面電車のレールを接続
するパイプ排流法が推奨された[6), 7)]。**図6.2**は，路面電車のレールと水道管を，
排流線として導線で結線した状況を示したものである[25)]。図中，道路中の導線
が排流線である。

当時，パイプ排流法はカソード防食として知られていた。しかしながら，こ
のシステムの迷走電流腐食防止効果は，1930年までの20年間評価されず，1930
年以降，ようやく大きな腐食防止効果が公認された[26)]。効果公認まで20年も
要したのである。パイプ排流法の効果が公認されなかったためと考えられる
が，路面電車システムのレール漏れ電流による埋設されたインフラの短期腐食
が多発したことから，1910年，アメリカ議会は，電気鉄道の導入によって短
期間で発生した埋設インフラの迷走電流腐食に関する調査と問題解決のため，

図 6.2　路面電車のレールと
水道管を排流線としての導
線で結線した状況[25]

NBS（National Bureau of Standards，アメリカ標準局，現在，NIST，National Institute of Standards & Technology）に予算を充当した。NBS による約 10 年間のフィールドと実験室での調査は，確かに迷走電流による激しい腐食はあったが，土壌自体が腐食を誘起したことを明らかにした[27]。

図 6.3 は，直流電気鉄道のレール漏れ電流に起因して発生する，埋設パイプ

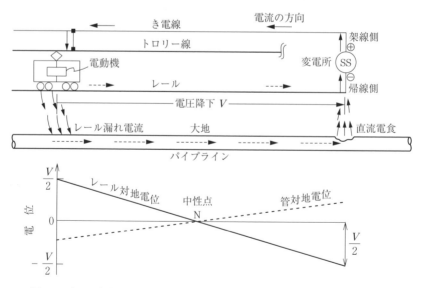

図 6.3　直流電気鉄道のレール漏れ電流に起因して発生する埋設パイプラインの
直流迷走電流腐食

ラインの直流迷走電流腐食の状況を示したものである。直流電気鉄道が変電所
から受電した直流電流は，その大半が車輪を帰線とするレールを流れて変電所
に戻るが，レールが接地されている場合，帰線電圧降下が発生してそれがレー
ル対地電位を誘起し，レール接地抵抗が存在することでレール漏れ電流が流れ
るようになる。大地抵抗がゼロであればレール漏れ電流は大地を流れて変電所
に戻るが，実際には大地は抵抗を有するので，レール近傍に埋設されたパイプ
ラインが存在する場合，コーティング欠陥があるまたは裸の場合，レール漏れ
電流はパイプラインに流入し，変電所近傍のパイプラインの地点から電流が大
地に流出し，その地点が迷走電流腐食を被ることになる。そこで，直流電気鉄
道のレール漏れ電流による埋設パイプラインの直流迷走電流腐食を防止するた
めには，帰線電圧降下を小さくしなければならない。具体的には，レール継目
の抵抗を下げる，レールの接地抵抗を高くするなどであった。

　直流電気鉄道のレール漏れ電流による埋設されたインフラの迷走電流腐食
は，アメリカのみならず多くの国で発生した。1910 年，ドイツは迷走電流腐
食が広範囲にわたるという報告をし，同年，法令でレールと大地との間の電位
勾配を制限し，他の埋設システムへの危険を低減するためパイプシステムへの
電気排流を禁止した[28]。1914 年，迷走電流腐食のアメリカ委員会の代表が，
ドイツ，イタリア，フランスおよびイギリスで設立された迷走電流委員会の委
員と打ち合わせるため，欧州に向かった。しかし，戦争によって打合せは中断
した。NBS は，その後熱心に迷走電流腐食緩和方法に関する技術報告を発表
しつづけた。NBS は迷走電流腐食の問題でリーダーシップを発揮したといえ
る。

　迷走電流腐食の問題は，パイプライン保有事業者，鉄道事業者，政府機関が
共通認識をもち，合意の下に協力し合って解決することが重要である。1917
年には，すでにアメリカ・オマハで迷走電流腐食委員会が組織されていた[29]。

　1930 年代のアメリカにおいては，通常，保護塗覆装の適用によって埋設金
属物の腐食防止が図られていた。保護塗覆装としては歴青質塗覆装が通常使用
されたが，その一つであるアスファルト塗覆装が，安価で当時としては優れた

特性のため，古くから広く使用されていた。また，すでに 1860 年，イギリスで初めて用いられた歴青質塗覆装であるコールタールエナメルも，1900 年ごろ，アメリカで発達し，わが国では 1955 年ごろから用いられるようになった。このように，アスファルトやコールタールエナメルの歴青質塗覆装の長年の使用実績が，カソード防食とのスムーズな併用を促し，経済的なカソード防食の適用の道を開くことになった。

1932 年，Scherer は，アメリカにおける 26 のガス会社が，3220 km のパイプに対して 542 のカソード防食施設を稼働させていると報告した[30]。

6.2.2　最適防食電位 − 0.850 V_{CSE} の提唱・普及拡大期

1933 年，1923 年から迷走電流の仕事に従事し，土壌に埋設された鋳鉄管の腐食を研究してきた Kuhn は，以前から懸案となっている，腐食を防止するために必要なパイプの飽和硫酸銅電極に対する下げるべき電位，すなわち防食電位は，多分 − 0.850 V 付近にある，と発表した[12]。Kuhn は，− 0.850 V という数値と，どのようにこの電位を計測するかについて，異なる意見があることをその発表の中で述べているが，この防食電位の発表は，パイプラインにカソード防食を適用する際の一つの目安になったのはいうまでもない。Kuhn は，塗覆装について言及しており，塗覆装は直接腐食を防止するためではなく，パイプの接地抵抗を高くするために設計されており，それによって防食電流の節約家（economiser）として機能すると述べている。腐食防止はあくまでカソード電流によるとしている。以上より，塗覆装には，長期間にわたる高い電気抵抗が要求されると述べている。それまで，その優れた特性と安価により歴青質塗覆装が広く使用されていたことも Kuhn の思想をサポートし，カソード防食の適用拡大に貢献した。パイプラインの腐食防止法としてのカソード防食は，Kuhn が示したこれら「防食電位基準」，「飽和硫酸銅電極」，および「高抵抗コーティング」が三位一体となり，その後のカソード防食適用拡大に弾みをつけることになった。

1933 年は，わが国にとってもカソード防食史に残る年であった。当時，土

壊埋設された鉛被の通信および電力ケーブル，鋳鉄の水道管およびガス管が直流電気鉄道のレール漏れ電流によって迷走電流腐食（当時は電蝕）したので，その防止を目的として，水道協会（現 公益社団法人日本水道協会），帝国瓦斯協会（現 一般社団法人日本ガス協会），電気学会（現 一般社団法人電気学会），電気協会（現 一般社団法人日本電気協会），電信電話会社（現 日本電信電話株式会社）の5団体の協力により電食防止研究委員会が発足したのが，1933年12月11日であった。1936年10月，電食防止研究委員会から，電食問題に対する認識を得，常識を涵養することを目的として電蝕防止操典（現在の電食防止ハンドブックに相当）が発行された。その後，東京電蝕防止対策委員会，関西電食防止対策委員会，中部電食防止委員会，中国電蝕防止対策委員会および新潟電蝕防止対策協議会の電食防止対策委員会が各地区で組織され，現在も活動が継続している。

　1934年4月，大阪市内の変電所近傍の約1kmの鉛被電力ケーブルに対し強制排流法（現在の外部電源カソード防食システム）が適用され（電圧27V，電流7A），鉛被対大地電位および鉛被内電流の計測結果が電蝕防止操典に記述されている[13]。当時のわが国は，カソード防食基準がなく，外部電源カソード防食システム稼動後，鉛被が大地に対して負電位に変化したことをもってカソード防食の効果があったと判定している。

6.2.3 カソード防食の適用拡大期

　1950年，わが国最初の全溶接シームレスガスパイプライン（大阪ガス（株）京阪連絡管：300A，6.9t，7 kg/cm^2（0.7 MPa），47.7 km，アスファルトジュート巻塗覆装）が建設された。圧力が7 kg/cm^2（0.7 MPa）かつ距離が47.7 kmと長いため，それまでの鋳鉄管による供給圧力（最大1 kg/cm^2（0.1 MPa））ではガス輸送が不可能であったので，鋼管溶接工事が施工された[14]。京阪連絡管の稼働開始は，歴史的に見て，わが国におけるガスパイプラインの長距離輸送時代の幕開けを意味したといえる。

　1951年，わが国で初めて埋設ガスパイプライン（藤沢〜大船6.4 km）に対

するカソード防食が，通産省鉱工業技術研究補助金で，東京ガス（株），東京
工業試験所，日本防蝕工業（株）の共同により適用された。カソード防食シス
テムは，外部電源システムを主体とし，Mg合金と高純度 Zn をアノードとし
た流電陽極システムを併用した[14]。

　同年，わが国で初めて選択排流法が，直流迷走電流腐食対策として国鉄臨港
線，安善付近に適用された[15]。

　1953 年，アメリカガス協会腐食委員会の調査によると，アメリカの 29 の代
表的なガス会社において，112000 km の鋼管の 16 ％に当たる 18400 km にカ
ソード防食が適用されていることが報告されているように[31]，当時，ガスパイ
プラインに対して，カソード防食の施工拡大が急速に図られたことがわかる。

　1957 年，Romanoff は，「現在，歴青質塗覆装とカソード防食の併用が，パ
イプラインシステムと他の埋設構造物の最も経済的な防食方法である。」と述
べている[26]。

　同年の 1957 年，わが国最初の高圧ガス取締法の適用を受けたパイプライン
（旭硝子（株），現 AGC（株））千葉・大網～五井 天然ガスライン：STP-38
相当，200 A，5.8 t，25 kg/cm^2（2.5 MPa），33.0 km が建設された[14]。高圧ガ
ス工事の最初であった。

　1961 年，わが国最初の高圧 50 kg/cm^2（5.0 MPa）かつ長距離 330 km 帝国石
油（株），現 国際石油開発帝石（株）天然ガス輸送管東京ライン（直江津～草
加：シームレス STPG-42，300 A，8.3 t，50 kg/cm^2（5.0 MPa），303 km，草
加～豊洲：API 5LX-X42，406.4 φ，6.4 t，10 kg/cm^2（1.0 MPa），27 km）が
新潟から東京間で建設が開始された[14]。この高圧・長距離天然ガスパイプライ
ンの稼働開始は，アメリカに追随することになったが，今日のガスの長距離大
量輸送を可能ならしめるパイプラインの 4 要素，すなわち「コーティング」，
「溶接鋼管」，「高圧」，および「カソード防食」から成る基本型がわが国におい
ても定着する端緒となった。わが国の都市ガス事業は，高圧ガスパイプライン
建設に自信をつけ，その後，高圧ガスパイプライン網が整備されていくことと
なった。

6.2.4 プラスチック被覆パイプラインへのクーポン導入拡大期

1980年代に入って，石油化学工業の発展に伴い，ポリエチレンのような高抵抗率プラスチック被覆が，欧米およびわが国のパイプラインを中心に普及拡大することになった。プラスチック被覆に欠陥がないと，プラスチック被覆パイプラインにカソード防食を適用してもパイプラインはカソード分極しないので，カソード防食レベルの定量的評価ができない。そこで，クーポンと称するパイプラインと同材料を電気的にパイプラインに接続し，クーポンとパイプライン遮断直後のクーポン電解質電位（これをインスタントオフ電位と称する）を分極電位である防食電位と照査して防食レベルの定量的評価をすることが，2001年発刊の DIN EN 12954 で策定された[18]。

クーポンが使用されたのは，1980年代中ごろ以降である。欧米で高圧交流送電線かつ/または交流電気鉄道輸送路と並行して埋設された高抵抗率のプラスチック被覆パイプラインにおいて，交流腐食が発生したが[32]，これ以降，パイプラインの交流腐食の防止基準，パイプラインの交流腐食リスク評価にクーポンが用いられるようになった。クーポンは直流・交流電流密度により，交流腐食リスクの評価が可能となり，カソード防食の有効性評価のレベルが高くなったといえる。

6.3　カソード防食基準

6.3.1 Kuhn によって経験的に提案された防食電位 − 0.850 V$_{CSE}$

前述のとおり，1933年，Kuhn は「パイプの腐食を止めるために低くしなければならない硫酸銅電極に対する電位（現時点のカソード防食基準である防食電位）は，多分約 − 0.850 V である（The potential to a copper-sulfate electrode, to which a pipe must be lowered in order to stop corrosion, is probably in the neighborhood of − 0.850 volt.）」ことを論文発表した[12]。ここでいう lowered はカソード分極 polarized と同義語である。土壌または水環境に埋設された炭素鋼および鋳鉄のパイプラインシステムに対してカソード防食を適用すると，

照合電極に対して計測されるパイプ対電解質電位は，マイナス方向に変化，すなわちカソード分極する。ISO 15589-1:2015 において，分極（polarization）とは外部の電気の電流の適用によって引き起こされた**管対電解質電位**（pipe-to-electrolyte potential）の変化（change of pipe-to-electrolyte potential caused by the application of an external electrical current）と記述されている[20]。**図6.4**は，管対電解質電位の計測方法を示したものである。パイプラインが土壌に埋設されている場合，管対電解質電位は，パイプラインと照合電極が土壌にある場合，**管対地電位**（pipe-to-soil potential）と称される。

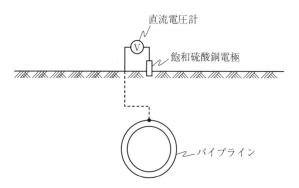

直流電圧計

飽和硫酸銅電極

パイプライン

図6.4 管対電解質電位（管対地電位）の計測方法

　直流電圧計のマイナス（黒）端子を照合電極に，プラス（赤）端子をパイプラインに接続することによって，直流電圧計の表示値は照合電極に対する管対電解質電位（管対地電位）となる。

　Kuhn による − 0.850 V はあくまで経験的に得られた値である。この電位の妥当性の科学的証明は，Kuhn の論文発表から18年後の，Schwerdtfeger と McDorman による論文発表[16]まで待つことになった。

　土壌に埋設された裸またはコーティングされていないパイプは，**図6.5**に示すように，ミルスケールの存在，塩分濃度，酸素濃度などの差によってパイプ上に腐食電池が形成される。Kuhn は，パイプのアノードから土壌に流出する電流に対して，逆向きにパイプへ電流流入させる "カソード防食" が，腐食防

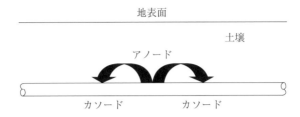

図6.5　土壌に埋設された裸のパイプライン上で形成された腐食電池

止に有効であると述べている。

　Kuhn の論文において，大地のパイプラインの初期または平衡電位の項で，「管対電解質電位は，パイプラインから数フィート離れた大地に設置された，標準の分極しない銅硫酸銅電極に対して決定される（This potential is determined with reference to a standard non-polarizing copper-sulfate electrode placed in the earth several feet from the pipe line…）」とし，カソード防食適用前の管対電解質電位は，約 -0.600 volt と述べている。この場合，カソード防食するためには，管対電解質電位を -0.250 volt だけ低くしなければならないことも記述されている[12]。Kuhn の論文では，整流器の電流が流れながら，すなわちカソード防食しながら，パイプラインから数フィート離れた大地に設置された照合電極を用いて管対電解質電位のプロフィールを計測していることから，防食電流によって生じる防食電流 I と土壌抵抗 R の積である IR ドロップは除去されていないと判断される。つまり，Kuhn の論文では，IR ドロップが含まれていることになる。

　Kuhn の防食電位約 $-0.850\,\mathrm{V_{CSE}}$ の提案では，以下の2点の課題があった。

(1)　防食電位の科学的妥当性がない。

(2)　IR ドロップが除去されていない。

しかし，パイプラインの腐食を防止するためにパイプラインをカソード分極させる目安を提示し，今日の外部電源カソード防食システムの礎を築いた，という防食技術に対する貢献は多大である。Kuhn が「カソード防食の父」といわれる所以である。

6.3.2 Schwerdtfeger と McDorman による Kuhn 提案の防食電位の科学的妥当性と腐食抑制効果の実験的証明

1951 年，Schwerdtfeger と McDorman は，Kuhn による防食電位 − 0.85 V（飽和硫酸銅電極基準）の提案を科学的に裏付けた[16]。彼らは，pH が 2.9 から 9.6，抵抗率が 60 から 17800 Ω·cm の範囲の 20 箇所の空気のない土壌中の鋼電極の電位を計測し，その結果を**図 6.6** に示す電位-pH 図で整理した。Schwerdtfeger と McDorman は，水素電極（hydrogen electrode）と鋼電極（steel electrode）の電位-pH 直線の交点である約 − 0.77 V（飽和カロメル電極基準）において，両電極の電位差がなくなるので鋼が腐食しないと考察した。ただし，本論文には鋼電極の腐食の程度は記述されていない。

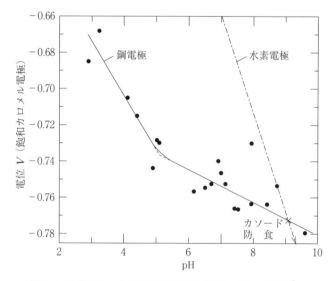

図 6.6　空気のない土壌中の鋼の電極電位と pH との関係[16]

ISO 12473 によると，標準水素電極に対する飽和カロメル電極の電位は 0.24 V[33]，また ISO 15589-1 には，標準水素電極に対する飽和硫酸銅電極の電位は 0.32 V と記述されているので[20]，飽和カロメル電極基準に − 0.08 V を加えた電位が飽和硫酸銅電極基準の電位となる。そこで，飽和カロメル電極に対する − 0.77 V は，飽和硫酸銅電極に対して − 0.77 − 0.08 V，すなわち現在の防

食電位である -0.85 V となる。飽和カロメル電極（saturated calomel electrode）に対する電位の単位を V_{SCE}，また現在広く土壌に埋設されたパイプラインに用いられる飽和硫酸銅電極（copper sulfate electrode）に対する電位の単位を V_{CSE} で表すことにする。

　Schwerdtfeger と McDorman の論文は，事実上，Kuhn の防食電位約 -0.850 V_{CSE} の提案を科学的に証明したといえる。図 6.6 における水素電極では，空気のないアルカリ土壌中の鋼において，式 (6.1) に示す水素発生のカソード反応が進行すると考えられる。

$$2H_2O + 2e^- \rightarrow H_2 + 2OH^- \tag{6.1}$$

式 (6.1) の平衡電極電位 E_{SCE} は，飽和カロメル電極基準で式 (6.2) により与えられる。

$$E_{SCE} = -0.24 - 0.059\,\mathrm{pH} \tag{6.2}$$

式 (6.2) で $E_{SCE} = -0.77$ とすると，pH は 8.98 となる。

　鋼電極と水素電極の電位-pH 直線との交点である×印よりも低い，式 (6.2) またはそれよりマイナスの電位にすると，鋼がすべてカソードになるのでカソード防食が達成される，というのが現在の考え方である。

　また同論文では，pH が 2.9 から 9.5，抵抗率が 62 から 821 Ω·cm の 5 種の土壌に鋼パイプ試験片を埋設し，IR ドロップを除去して防食電位を -0.77 V_{SCE} とした場合と，-1.00 V_{SCE} に保持した場合のカソード防食実験の比較結果も発表した。カソード防食実験を行った 821 Ω·cm 以下の抵抗率の低い供試土壌で，IR ドロップ除去の必要性を認識したことは特筆に値する。**表 6.2** は，実験結果の一部を示したものである。pH 2.9 の酸性土壌において，防食電位である -0.77 V_{SCE} よりも 80 mV プラスの電位であった日数が 12 日でも防食効率は 83.8% であったが，防食電位である -0.77 V_{SCE} よりも 20 mV プラスであった日が 18 日になると防食効率は 92.3% となった。また，57 日平均印加カソード分極電位を -1.00 V_{SCE} と防食電位より 230 mV マイナスにしても，防食効率は 94.8 % とそれほど高くならなかった。このことは，Kuhn が述べているように，約 -0.77 V_{SCE} の防食電位でパイプラインの腐食は抑制され，防食

表6.2 鋼パイプ試験片を用いたカソード防食実験結果[16]（防食電流印加前の約48時間は自然腐食，実験時間は60日）

土壌 No.	カソード No.	pH	抵抗率 〔Ω·cm〕	平均印加カソード分極電位 （IRなし） （V_{SCE}，飽和カロメル電極基準）	防食効率* 〔%〕
60	1	2.9	218	$-0.69\,V_{SCE}$：12日	83.8
	2			$-1.00\,V_{SCE}$（$-1.00\,V_{SCE}$： 57日，$-0.76\,V_{SCE}$：3日）	94.8
	32			$-0.75\,V_{SCE}$：18日	92.3
13	5	9.5	290	$-0.77\,V_{SCE}$	98.1

* 防食効率〔%〕= 100 {（自然腐食のメタルロス）－（カソード防食のメタルロス）}/（自然腐食のメタルロス）

電位をそれよりマイナスにしてもそれだけの防食効果は得られず，単に防食電流が多く必要になり，それにより整流器の容量が多くなってコストがかかるだけであることがわかる。

Schwerdtfeger と McDorman の論文は，以下の2点で，今日の IR ドロップを除去した防食基準およびカソード防食効果の判定方法につながる，非常に大きな貢献であったといえる。

・Kuhn の防食電位 $-0.850\,V_{CSE}$ に科学的証明を与え，防食電位で腐食が許容レベルに抑制されることを実験的に証明した。

・IR ドロップ除去の必要性を示した。

6.3.3 カソード防食の効果判定における IR ドロップ除去の重要性

後述する ISO 15589-1:2015 が策定したカソード防食基準は，IR ドロップを除去した分極電位（IR フリー電位）を指標としている。特に高抵抗率電解質中の金属体のカソード防食効果の判定において，IR ドロップを除去した金属対電解質電位を用いないと誤判定をもたらす。

すでに1959年，Schwedtfeger は IR ドロップ除去の重要性を強調していた[33]。Schwedtfeger は，20000 Ω·cm の砂質ロームに五つの低炭素鋼試験片を61日間埋設した実験室での研究結果を発表した。本論文発表以前に，NBS（アメリカ標準局）で，1000 Ω·cm より低い土壌と水環境において，飽和カロメル電

極に対し − 0.77 V（飽和硫酸銅電極に対し − 0.85 V と等価）の防食電位は，鋼試験片のメタルロスを防ぐのに有効であることが明らかになっていたが，この実験による研究目的は，高抵抗率の土壌でも同じかどうかを確認することであった。現在，飽和硫酸銅電極基準の − 0.85 V は，飽和カロメル電極基準で − 0.78 V となっており，10 mV の差がある。

　この実験では，五つの試験片のうち 二つはカソード防食せず，三つの試験片に対してカソード防食を適用した。結果を**表 6.3** に示す。電位および防食電流を平均値により考察すると，以下のことが明らかになった。

(1) IR なしのカソード電位を − 0.778 V_{SCE} に保持するため，IR ありの電位は − 0.778 V_{SCE} よりも 136 mV だけマイナスにしなければならかった。

(2) IR ありのカソード電位を − 0.780 V_{SCE} に保持すると，IR なし電位は − 0.780 V_{SCE} よりも 63 mV だけプラスの − 0.717 V_{SCE} になったため，防食電流密度の平均値は IR なしのカソード電位 − 0.778 V_{SCE} の半分になり，防食効率が 51% と低い値になった。なお，防食電流密度は，カソード分極曲線においてターフェル勾配が出現し始めるカソード電流密度より求めたものである。このカソード電流密度が所要カソード防食電流密度であるという考えである[9]。現在，この考えは広く受け入れられていないので，ここではあくまで参考値と捉えることにする。

表 6.3　抵抗率 20000 Ω·cm の砂質ローム土壌に 2 箇月埋設された鋼試験片のカソード防食実験結果[34]（防食電流印加前の 2 日間は自然腐食，実験時間は 61 日）

試験片 No.	防食電流密度 〔mA/ft²〕			電位（V_{SCE}, 飽和カロメル電極基準）						防食効率 〔%〕
				IR なし			IR あり			
	最小	最大	平均	最小	最大	平均	最小	最大	平均	
4	1.2	11.4	4.2	− 0.820	− 0.750	− 0.778	− 1.10	− 0.842	− 0.914	71
5	1.0	4.0	2.1	− 0.740	− 0.693	− 0.717	− 0.823	− 0.755	− 0.780	51

　Schwerdtfeger の論文は，特に裸の鉄または鋼が高抵抗率環境においてカソード防食されている場合，IR ドロップを含むオン電位はカソード防食効果に対して大きな誤判定をしてしまう，という問題に対して警鐘を鳴らしたもの

である。

1933年のKuhnの論文, 1951年および1959年のSchwerdtfegerらの論文とも, カソード反応の具体的内容については考察していない。カソード反応は, 好気性環境では式 (6.3)

$$\frac{1}{2}O_2 + H_2O + 2e^- \rightarrow 2OH^-$$ (6.3)

嫌気性環境では既述した式 (6.1)

$$2H_2O + 2e^- \rightarrow H_2 + 2OH^-$$ (6.1) 再掲

が, それぞれ起こるものと考えられる。ここで重要な点は, いずれのカソード反応でも OH^- が生成することである。カソード防食されたカソード/電解質界面は, 経時的なカソード反応による酸素の消費による嫌気性環境への移行と, OH^- の生成によるアルカリ環境への醸成により, 鋼の電極電位は式 (6.1) の線上またはそれよりマイナスの電位になり, 腐食が抑制, すなわちカソード防食が達成される。

IR ドロップ除去の重要性を実務面から見ることにする。**図6.7**は, カソード防食電流によって生じる**IRドロップ**の概念を示したものである。この図は, コーティング欠陥部近傍の管対電解質電位は $-0.50\,V_{CSE}$ であるが, 地表面で

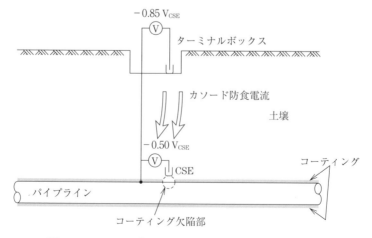

図6.7 カソード防食電流によって生じる IR ドロップの概念

計測される管対電解質電位は防食電流 I と土壌抵抗 R の積である IR が存在するため – 0.85 V$_{CSE}$ となり，カソード防食基準に合格の誤判定をしてしまう例である。

理想的には，照合電極はパイプの直近に設置されなければならないが，パイプが埋設されている場合，現実的には照合電極は地表面に設置せざるを得ない。パイプラインの埋設時にパーマネント照合電極をパイプラインの直近に設置することも考えられるが，その際，パーマネント照合電極の長期電位安定性が確認されていなければならない。防食電流がコーティング欠陥に流入していると，地表面の管対電解質電位が– 0.850 V で防食電位を満足したとしても防食電流 I と土壌抵抗 R の積である IR が 350 mV あると仮定すると，コーティング欠陥の直近の管対電解質電位は– 0.500 V となりこの部位は自然腐食状態となって腐食することになる。このとき，350 mV を IR ドロップと称する。IR ドロップの計測方法については，後述する。

6.3.4　防食電位と限界臨界電位を指標とした ISO 15589-1:2015 カソード防食基準

〔1〕　**カソード防食基準**　　2003 年 11 月 15 日に発刊された初版 ISO 15589-1:2003 は，土壌または水環境に埋設された炭素鋼および鋳鉄のパイプラインシステムに対するカソード防食基準として，① 防食電位と限界臨界電位を定めた基準（以下，防食電位・限界臨界電位基準と称する）と，後述する② 最小 100 mV カソード分極基準，の二つを挙げた[19]。ここで述べている電位はすべて，防食電流 I と電解質抵抗 R の積である IR ドロップを除去した**分極電位**（polarized potential）である。分極電位は，***IR*フリー電位**（IR-free potential）とも称される。なお，2015 年 3 月 1 日，第 2 版の ISO 15589-1:2015 が発行されたが，カソード防食基準については変更されていない。

炭素鋼または鋳鉄の腐食速度が 0.01 mm/y（ミリメートル/年）よりも小さい管対電解質電位が，防食電位 E_p である。金属の防食電位は，腐食環境（電解質）と使用される金属の種類に依存する。管対電解質電位は，金属/電解質界

面の電位であって，*IR*ドロップを除去した分極電位（*IR*フリー電位 $E_{IR\text{-free}}$）である。$E_{IR\text{-free}}$ があまりにもマイナスになると，コーティングの剥離と膨れ，およびある金属の水素脆性を誘起するカソード過分極となりうる。そこで，$E_{IR\text{-free}}$ は限界臨界電位 E_{1} よりもマイナスにしてはならない。以上より，防食電位・限界臨界電位基準が定める $E_{IR\text{-free}}$ は，式 (6.4) を満足しなければならない。

$$E_{1} \leqq E_{IR\text{-free}} \leqq E_{\mathrm{p}} \tag{6.4}$$

40℃以下で硫酸塩還元菌による腐食リスクのない土壌と水環境における炭素鋼，低合金鋼および鋳鉄の E_{p} は，$-0.85\,\mathrm{V_{CSE}}$ である。コーティングの剥離かつ/または膨れを防ぐために，限界臨界電位 E_{1} は，現在用いられているパイプラインコーティングに対して $-1.20\,\mathrm{V_{CSE}}$ としている。

よって，40℃以下で硫酸塩還元菌による腐食リスクのない土壌と水環境における炭素鋼，低合金鋼および鋳鉄の防食電位・限界臨界電位基準は，式 (6.5) のように表される。

$$-1.20\,\mathrm{V_{CSE}} \leqq E_{IR\text{-free}} \leqq -0.85\,\mathrm{V_{CSE}} \tag{6.5}$$

表 6.4 は，ISO 15589-1:2015 が策定した土壌中と，海水を除く水中の炭素鋼の腐食電位範囲，防食電位および限界臨界電位を示したものである。

コーティングの剥離かつ/または膨れを防止するために，限界臨界電位 E_{1} は，現在用いられているパイプラインコーティングに対して，$-1.20\,\mathrm{V}$（飽和硫酸銅電極電位基準）よりマイナスにすべきではない。

パイプラインに対するすべてのカソード防食電流源を同時にオフにした直後，防食電流によって生じた管と照合電極との間の *IR* ドロップが直ちに消失することから，*IR* ドロップを除去することができ，この除去した管対電解質電位を**インスタントオフ電位**と称する。すべてのカソード防食電流源をオフにした直後，パイプラインにスパイク現象が発生することがあるので，オフ直後の管対地電位は正確な値ではないことがある。ISO 15589-1:2015 は，スパイク電位の影響を避けるため，パイプラインの場合，オフ後約 300 ms でインスタントオフ電位を計測することが一般的であると述べている[20]。それゆえ，パ

表6.4 ISO 15589-1:2015 が策定した土壌中と，海水を除く水中の炭素鋼の腐食電位範囲，防食電位および限界臨界電位（交流腐食防止基準を除く）[20]

金属	環 境 条 件	腐食電位範囲 表示値 E_{cor} V	防食電位 （*IR* なし）E_p V	限界臨界電位 （*IR* なし）E_l V
炭素鋼	下記を除くすべての状態の土壌と水	$-0.65 \sim -0.40$	-0.85	a
	$T < 40℃$，$100 < \rho < 1000$ $\Omega \cdot m$ の好気性状態の土壌と水	$-0.50 \sim -0.30$	-0.75	a
	$T < 40℃$，$\rho > 1000 \Omega \cdot m$ の好気性状態の土壌と水	$-0.40 \sim -0.20$	-0.65	a
	硫酸塩還元菌による腐食リスクのある嫌気性状態の土壌と水	$-0.80 \sim -0.65$	-0.95	a

注1) すべての電位は *IR* なしで，銅/飽和硫酸銅電極基準で表示されている。
注2) パイプラインの寿命の間，パイプの周りの電解質の抵抗率の変化は考慮されるべきである。
a 高張力鋼と設計降伏応力が $550 \, N \cdot mm^{-2}$ を超える低合金鋼の水素割れを避けるため，限界臨界電位は文書化されるか，または実験で決定されなければならない。

イプラインのインスタントオフ電位は，分極電位（*IR* フリー電位）に近い値ではあるが，完全に一致する値ではない。

図6.8 は，すべてのカソード防食電流源を同時にオフにした直後に求められる，インスタントオフ電位の計測方法を示したものである。カソード防食状態においてクーポンとパイプラインは電気的に接続されているが，ある時点ですべてのカソード防食電流源をオフにすると，図のように *IR* ドロップが消失し，消失したときの管対電解質電位がインスタントオフ電位となる。その後，管対電解質電位は，カソード防食されていない自然電位の方向に変化する。この変化を**復極**と称する。

〔2〕 **本基準に関する注意点**　本基準に関する注意点は以下の6点である。

注意点1：$T < 40℃$ において，防食電位は，土壌抵抗率 ρ が $100 < \rho < 1000 \Omega \cdot m$ である場合は $-0.75 \, V_{CSE}$，$\rho > 1000 \Omega \cdot m$ である場合は，さ

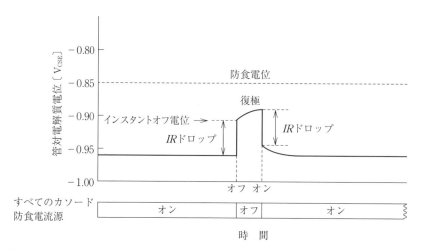

図6.8　すべてのカソード防食電流源を同時にオフにした直後に求められるインスタント
　　　　オフ電位の計測方法

らに $100\,\mathrm{mV}$ プラス寄りの $-0.65\,\mathrm{V_{CSE}}$ が規定されている。土壌抵抗率
は，地下水位の変動，乾季と雨季の季節変動によって値が大きく変化す
るので，防食電位の適用にあたっては土壌環境を十分考慮する必要があ
る。

注意点2：そもそもパイプラインの外面が高抵抗率のコーティングで覆われ
　　　　ていてコーティング欠陥がない場合，パイプライン表面と電解質との接
　　　　触がないので，パイプラインはカソード分極せず，管対電解質電位およ
　　　　びインスタントオフ電位は存在しない。

注意点3：パイプラインのインスタントオフ電位は，分極電位（*IR* フリー
　　　　電位）に近い値ではあるが，完全に一致する値ではない。

注意点4：パイプラインの交流腐食リスクを計測評価することはできない。
　　　　交流腐食防止基準は，後述する ISO 18086:2019 に策定されている。

注意点5：直流迷走電流などのカソード防食電流以外の直流電流が存在する
　　　　場合，パイプラインの分極電位を求めることはできない。

注意点6：すべてのカソード防食電流源を同時にオフにするのは，外部電源

カソード防食システムのみによってパイプラインがカソード防食されている場合は容易であるが，パイプラインに流電陽極，強制・選択排流器，交流誘導低減器が接続されている場合，あるいはパイプラインとボンドされている場合は，すべてのカソード防食電流源を同時にオフにすることは実際のところ不可能である。この場合，パイプラインの分極電位を求めることはできない。

　パイプラインのインスタントオフ電位を求めるために，すべてのカソード防食電流源を同時にオフにすることができない場合，後述するクーポンを用いてインスタントオフ電位を計測する技術がある。クーポンを用いてパイプラインの交流腐食リスク評価が可能である。

〔3〕　**クーポンインスタントオフ電位計測**　　パイプラインのコーティングが高抵抗率で欠陥がない場合，パイプラインの金属表面は電解質と接触していない。そのため，カソード防食システムが稼動してもパイプラインはカソード分極しないので，パイプラインのカソード防食レベルの評価ができない。そこで，コーティング欠陥を模擬したクーポンを常時パイプラインと電気的に接続させ，すべてのカソード防食電流源を同時にオフにすることなく，カソード防食システムが稼動した状態でクーポンとパイプラインをオフにした直後のクーポン対電解質電位（これを**クーポンインスタントオフ電位**と称する）を計測し，この値を防食電位・限界臨界電位と照査することによりカソード防食効果を判定することができる。**図6.9**は，クーポンインスタントオフ電位の計測方法を示したものである。

　クーポンの設置位置でクーポンの表面積と同じコーティング欠陥がある場合，コーティング欠陥のカソード防食レベルが評価できる。また，クーポンインスタントオフ電位，クーポン直流・交流電流密度の値を用いてパイプラインの交流腐食リスクの評価が可能である。

　NACE SP0104-2014には，（パイプラインのような）円筒形の構造物の場合，構造物の下半分の近く，すなわち3時から9時の位置にクーポンを設置すべきと記述されている[35]。クーポンは，コーティング欠陥に防食電流が流入可能な

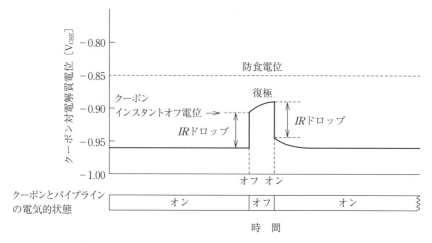

図6.9　クーポンを用いたインスタントオフ電位の計測方法

ように設置しなければならない。パイプラインが地上にある高圧交流送電線か
つ/または交流電気鉄道により交流誘導を受けている場合，パイプラインの交
流腐食リスクを評価するため，クーポンは地上の高圧交流送電線や交流電気鉄
道との離隔距離が最も短いパイプラインの12時の位置に設置すべきである。
クーポンは，パイプラインの埋設環境を考慮した評価を行うため，クーポンの
形状，表面積，位置を決定しなければならない。その際，クーポン表面と電解
質の接触は確実に良好なものにする必要がある。クーポンの使用は，クーポン
の有する技術の限界を十分理解した上でなされなければならない。**図6.10**は，
クーポンをパイプラインの9時の位置に，上向きに設置した例で，クーポンオ
ン電位，クーポンインスタントオフ電位，クーポン直流電流およびクーポン交
流電流の計測システムを示したものである。クーポン交流電流密度は，6.3.5
項に示すパイプラインの交流腐食防止基準の重要な値である。クーポンとパイ
プをオフ後，直ちに *IR* ドロップが消失するので，例えばオフ後，20 ms（ミ
リ秒）の値をクーポンインスタントオフ電位とする。この電位の計測方法は，
クーポン電位を高速サンプリングで計測し，波形から決定すべきである。
　パイプラインのカソード防食点検前，パイプラインにはどのような腐食リス

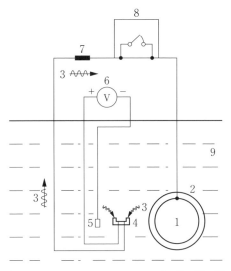

1 パイプライン
2 高抵抗率コーティング
3 カソード防食電流 + 直流/交流迷走電流
4 クーポン
5 照合電極

6 電　圧　計
7 電流計測用シャント
8 半導体リレー
9 土　　壌

図 6.10　クーポンオン電位，クーポンインスタントオフ電位，クーポン直流電流
およびクーポン交流電流の計測システム[23]

クが存在するのかわからないので，図6.10のシステムでクーポンオン電位，
クーポンインスタントオフ電位，クーポン直流電流およびクーポン交流電流を
計測することが望ましい。

6.3.5　最小 100 mV カソード分極を指標とした ISO 15589-1:2015 カソード 防食基準

〔1〕　カソード防食基準　　2015年3月に発刊された第2版 ISO 15589-
1:2015 では，100 mV cathodic potential shift（100 mV カソード電位シフト）と
記述されているが，本文の内容から，ここでは最小 100 mV カソード分極基準
と称することとした。

6.3.4項で記述した防食電位・限界臨界電位が達成されない場合，最小 100

mV カソード分極基準が代替の許容される方法として考慮される。防食電位・限界臨界電位基準は金属の腐食速度を 0.01 mm/y より小さくするものであるが，最小 100 mV カソード分極基準は，0.01 mm/y より小さい腐食速度は達成されない点に注意しなければならない。**図 6.11** は，最小 100 mV カソード分極基準と照査する管対電解質電位の計測方法を示したものである。インスタントオフ電位からの復極量が 100 mV 以上あればカソード防食基準に合格とする基準もあるが，ここでは最小 100 mV カソード分極基準を示すことにする。

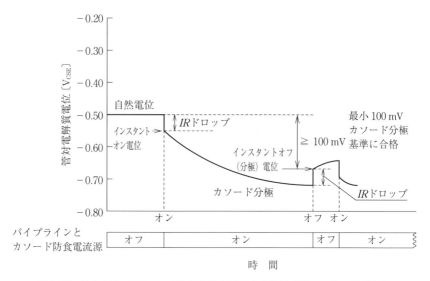

図 6.11 最小 100 mV カソード分極基準と照査する管対電解質電位の計測方法

最小 100 mV カソード分極基準の策定に至った経緯は以下である。1951 年，Ewing は，2 インチの鋼製パイプについて土壌と水溶液中でのカソード防食実験を行い，典型的な環境に埋設された鋼製パイプの防食に要求される電位は，飽和硫酸銅電極に対して − 0.85 V よりもプラスであることを報告した[36]。なお，Ewing のカソード防食された鋼製パイプの電位は，*IR* ドロップが除去されている。さらにパイプラインの防食に必要な電位の変化または分極は，つねに 100 mV よりも小さいことを示した。この論文は，現在の最小 100 mV カソード分極基準の基礎となったのである。

〔2〕 **本基準に関する注意点**　　本基準の適用禁止材料および環境は，以下のとおりである。

- ・より高い操業温度　　・硫酸塩還元菌を含む土壌
- ・干渉電流が存在　　　・等電位電流が存在
- ・地磁気電流が存在
- ・異種金属に接続されている，またはそれらから成るパイプライン

6.3.6 ISO 18086:2019 が策定した交流腐食防止基準

〔1〕 **交流腐食防止基準**　　2015 年，わが国がプロジェクトリーダーとなって作成した ISO 18086:2015 が発行された[21]。その後，許容できる交流干渉レベルの記述に，これまでの交流電流密度を平均交流電流密度に変更する提案が出された。この提案は承認され，2019 年 12 月，同じタイトルの ISO 18086:2019 が発行された[22]。以下にその内容を示す。

ISO 18086:2019 は，パイプラインの許容できる交流干渉レベルとして，2 段階で規定している[22]。

—第 1 段階として，パイプラインの交流電圧を 15 V$_{rms}$（実効値）以下にする。この値は，例えば 24 時間にわたる平均として計測される。

—第 2 段階として，効果的な交流腐食緩和は，ISO 15589-1:2015 の表 1（本書では，表 6.4）で定義されたカソード防食電位に合格することによって達成されうる，かつ：

　—1 cm^2 のクーポンまたはプローブに対して，例えば 24 時間にわたって 30 A/m^2 より低い平均交流電流密度（実効値）を維持する；または，

　—1 cm^2 のクーポンまたはプローブに対して，もしも平均交流電流密度（実効値）が 30 A/m^2 よりも高ければ，例えば 24 時間にわたって 1 A/m^2 より低い平均カソード電流密度を維持する；または，

　—例えば 24 時間にわたって，5 より小さい交流電流密度（$J_{a.c.}$）と直流電流密度（$J_{d.c.}$）の比を維持する。

注　電流密度比が 3 から 5 の間は，交流腐食リスクが小さいことを意味す

る。しかしながら，腐食リスクを最小値にするため，電流密度比は3より小さいことが望ましい。

〔**2**〕　**クーポンを用いた計測方法**　　世界において交流周波数は，16-2/3 Hz，50 Hz および 60 Hz がある。おのおのの周波数に対し，1周期単位で正確にクーポン交流電流密度を計測する技術が発明され，計測装置が実用化されている [37),38)]。

わが国が提案したクーポン電位・電流を 0.1 ms の高速でサンプリングし，クーポン直流電流密度，クーポン交流電流密度およびクーポンオン電位を求める方法が，ISO 18086:2019 に盛り込まれている。

6.4　所要カソード電流密度

6.4.1　腐食・防食時の電流の向きと管対電解質電位の解釈

電線の中の電子の流れおよび土壌のような電解質の中のイオンの流れは，電流である。電流が腐食現象に結び付くのであれば**腐食電流**，防食現象に結び付くのであれば**防食電流**と称する。腐食電流と防食電流は，大きさと向きを有するベクトルである。本書では，金属の腐食電流と防食電流の向きに対し，極性を**表6.5**のように定義する。なお，金属と電解質との間で電流のやり取りがない場合，電流はゼロと見なす。

直流は，対象としている時間帯において向きが変わらない電圧および電流を指す。交流は，対象としている時間帯において向きが変化する電圧および電流

表6.5　腐食電流と防食電流の向きと極性

	向　き	傾　向	アノード/カソード電流	極　性
腐食電流	**金属→電解質**	**腐食**	アノード電流	**プラス，＋**
	金属←電界質	防食		マイナス，－
防食電流	**電解質→金属**	**防食**	カソード電流	**プラス，＋**
	電解質←金属	腐食		マイナス，－

を指す。交流電流は，極性が変化する場合と変化しない場合がある。

　金属が自然腐食状態にあるか電食状態にあるかによって，**表6.6**に示すように，金属の腐食/防食状態を示唆する金属対電解質電位の解釈は"**逆**"になるので注意が必要である。

表6.6　金属の腐食状態と金属対電解質電位・腐食/防食傾向との関係

金属の腐食状態	金属対電解質電位	腐食/防食傾向
自然腐食	**よりマイナス側の値** （例：腐食電池 Mg-Fe の場合の Mg，Mg からアノード電流が電解質に流出）	**腐食傾向**
	よりプラス側の値 （例：腐食電池 Mg-Fe の場合の Fe，Fe に電解質からカソード電流が流入）	防食傾向
電　食	**よりマイナス側の値** （例：レール漏れ電流のパイプラインへの流入地点，流入地点（パイプライン）にとってレール漏れ電流はカソード電流）	**防食傾向**
	よりプラス側の値 （例：レールからの漏れ電流の流出地点，流出地点（レール）にとってレール漏れ電流はアノード電流）	腐食傾向

6.4.2　所要カソード電流密度

　図6.12は，鋼のカソード電流密度と pH および *IR* フリー電位 $E_{\text{IR-free}}$ との関係を示したものである[39),40)]。カソード電流密度は 10^{-5} から $10\,\text{A/m}^2$ の6桁の大きな幅を有している。カソード電流が鋼に流入すると，鋼表面の pH は大きく，すなわちアルカリ性になることがわかる。

　Uhlig と Revie の本に，埋設されたパイプラインのカソード防食は，カソード反応で生成するアルカリの蓄積に帰着すると述べられている[41)]。カソード防食の本質は，鋼のカソード反応が既述した式 (6.1) または式 (6.3) であっても水酸化物イオン OH^- が生成し，OH^- が鋼表面に蓄積することで腐食が抑制されることにある。

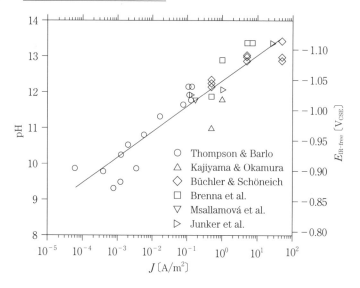

$E_{\text{IR-free}}$：IR フリー電位
J：カソード電流密度

図 6.12　カソード電流密度と pH および $E_{\text{IR-free}}$ との関係[39),40)]

6.5　カソード防食システム

従来，カソード防食法には，流電陽極方式と外部電源方式の二つがあると長い間定められてきた。しかしながら，ここでは，ISO 15589-1:2015 に策定されているように，カソード防食法を**カソード防食システム**（cathodic protection system）と捉え，カソード防食システムには，**流電陽極システム**（galvanic anode systems），**外部電源システム**（impressed current systems）および**ハイブリッドシステム**（hybrid systems）の 3 種類があるとする。以下に各システムについて述べることにする。

6.5.1　流電陽極システム

〔1〕　**システムの仕組み**　　流電陽極システムとは，**図 6.13** に示すように，

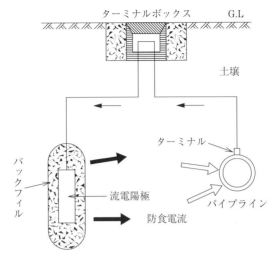

図6.13　流電陽極システムによる土壌埋設パイプラインのカソード防食

パイプラインの対地電位よりも腐食電位がマイナス側の値を示す金属をパイプラインと電線で接続することで腐食電池を形成させ，腐食電位がマイナス側の金属がガルバニック腐食することにより，パイプラインの腐食速度を低下させるカソード防食方式を指す。ここで，ガルバニック腐食する金属は，流電陽極または犠牲陽極と称する。

　流電陽極の発生電流を大きくするため，流電陽極をバックフィルで包んで埋設する。バックフィルの組成は，一般に石こう，ベントナイト，ぼう硝を3：6：1の割合に混合したものである。バックフィルの形状は，直径200 mm，長さ1000 mmである。

　Peabodyの本に記載されたDwightの式によると，垂直に埋設された陽極（ここでは，Mg基合金陽極とする）1本の接地抵抗は式(6.6)で表される[42]。

$$R_{\mathrm{Mg}}{}^{\mathrm{ver}} = \frac{1.59\rho}{L}\left(\ln\frac{8L}{d} - 1\right) \tag{6.6}$$

ここで

$R_{\mathrm{Mg}}{}^{\mathrm{ver}}$：Mg基合金陽極1本の接地抵抗　　〔Ω〕

ρ　　：Mg基合金陽極の周りの電解質抵抗率　〔Ω・cm〕

L　　：Mg 基合金陽極の長さ　　　　　　　〔mm〕

d　　：Mg 基合金陽極の直径　　　　　　　〔mm〕

上述したように，バックフィルの直径 d が 200 mm，長さ L が 1000 mm であるので，これらの値を式 (6.6) に代入すると

$$R_{\mathrm{Mg}}^{\ \mathrm{ver}} = 0.0043\rho \ \ \text{〔}\Omega\text{〕} \tag{6.7}$$

の関係が得られる。$R_{\mathrm{Mg}}^{\ \mathrm{ver}}$ は，経時的に周囲の環境になじんで小さい値となるが，Mg 基合金陽極を用いた防食設計においては，式 (6.7) を用いる。

例えば，Mg 基合金陽極 1 本が 1500 $\Omega\cdot$cm の電解質抵抗率のバックフィルに包まれている場合の接地抵抗は，式 (6.7) より 6.5 Ω となる。

Dwight の式によると，垂直に埋設された陽極（ここでは，Mg 基合金陽極とする）N 本の接地抵抗は，式 (6.8) で表される。

$$R_{\mathrm{Mg}(N)}^{\ \mathrm{ver}} = \frac{0.00159\rho}{NL}\left(\ln\frac{8L}{d} - 1 + \frac{2L}{S}\ln 0.656N\right) \tag{6.8}$$

ここで

$R_{\mathrm{Mg}(N)}^{\ \mathrm{ver}}$：Mg 基合金陽極 1 本の接地抵抗　　　〔$\Omega$〕

ρ　　：Mg 基合金陽極の周りの電解質抵抗率 〔$\Omega\cdot$cm〕

L　　：Mg 基合金陽極の長さ　　　　　　　〔m〕

d　　：Mg 基合金陽極の直径　　　　　　　〔m〕

N　　：平行に埋設された Mg 基合金陽極の数

S　　：Mg 基合金陽極の間隔　　　　　　　〔m〕

前述したように，バックフィルの直径 d が 0.2 m，長さ L が 1 m なので，これらの値を式 (6.8) に代入すると

$$R_{\mathrm{Mg}(N)}^{\ \mathrm{ver}} = \frac{0.00159\rho}{N}\left(2.689 + \frac{2}{S}\ln 0.656N\right) \tag{6.9}$$

の関係が得られる。

例えば，Mg 基合金 4 本が 50 cm の間隔で 1500 $\Omega\cdot$cm（15 $\Omega\cdot$m）の電解質抵抗率のバックフィルに包まれている場合の接地抵抗は，式 (6.9) より 3.9 Ω となり，1 本の場合より 2.6 Ω 低くなる。

　Mg 基合金陽極の理論電気容量から自己腐食分（50%）を差し引いた有効電気容量は，最も用いられる 17S 形式で，1000 mA·y である。仮に Mg 基合金陽極の発生電流が一定の 20 mA であると，Mg 陽極の寿命は 50 年となる。

　流電陽極方式をレール近傍に埋設されたパイプラインに適用する場合，レール漏れ電流が流電陽極に流入し，この流入した電流が電解質に流出する箇所で腐食が発生することになるので，パイプと流電陽極との間に流電陽極からパイプの方向に流れる電流を阻止する装置（ここでは**逆流防止器**と称する）を設置しなければならない。逆流とは，レール漏れ電流のような迷走電流が流電陽極からパイプの方向に流れる現象を指す。逆流防止器は，**図 6.14** に示すように，パイプから流電陽極の方向のみに電流を流すダイオードを内蔵したものである。

アノード　　　　　　　　　　カソード
（パイプ）　　　　　　　　　（流電陽極）

図 6.14　逆流防止器に内蔵されたダイオードの機能

　図 6.15 は，逆流防止器の外観例を示したものである。筐体（きょうたい）は，腐食しにくいステンレス鋼を用いている。また，地下水などが筐体内に侵入しないよう，キャップのねじ山を長くし，パッキンで気密性を保持している。逆流防止器の

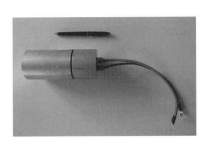

図 6.15　逆流防止器の外観例

ダイオード

図 6.16　逆流防止器の電気素子（内部の様子を示したもの）

結線を間違えないようにするために，図6.15の青いリード線をパイプライン
に，赤いリード線をMg陽極に，それぞれ結線することになっている。また**図
6.16**は，逆流防止器の内部の様子を示したもので，ダイオードが内蔵されて
いることがわかる。

〔**2**〕 **Mg 陽 極**   **表6.7**は，ISO 15589-1:2015に記述されたMg陽極の
ために用いられる合金の，典型的な化学成分を示したものである[20]。Mg陽極
が，土壌に埋設されたパイプラインの防食のために設置される場合，Mg陽極
はバックフィルとともに用いられるべきである。また**表6.8**は，土壌中で用い
られるMg陽極の典型的な電気化学的数値を示したものである。

表6.7 Mg陽極のために用いられる合金の典型的な化学成分[20]

元　素	合金 M 1[*]〔質量%〕	合金 M 2〔質量%〕
Mn	0.25 最小	0.5〜1.5
Al	5〜7	0.05 最大
Zn	2〜4	0.03 最大
Fe	0.005 最大	0.03 最大
Cu	0.08 最大	0.02 最大
Si	0.3 最大	0.05 最大
Pb	0.03 最大	0.01 最大
Ni	0.003 最大	0.002 最大
他の合計	0.03 最大	0.30 最大
Mg	残り	残り

* M 1 は，ASTM B843-09 に従って通常供給される。

〔**3**〕 **Zn 陽 極**   **表6.9**は，ISO 15589-1:2015に記述されたZn陽極の
ために用いられる合金の，典型的な化学成分を示したものである[20]。**表6.10**
は，表6.9の3種のZn陽極に共通する典型的な電気化学特性を示したもので
ある。Zn陽極が土壌に埋設されたパイプラインの防食のために設置される場
合，Zn陽極は，土壌が塩化物または硫酸塩を含まない場合を除いて，バック
フィルとともに用いられなければならない。

表 6.8 土壌中で用いられる Mg 陽極の典型的な電気化学の値[20]

電気化学数値	合金 M 1 〔質量%〕	合金 M 2 〔質量%〕
開回路電位〔V_{CSE}〕	$-1.57 \sim -1.60$	$-1.77 \sim -1.82$
閉回路電位〔V_{CSE}〕	$-1.52 \sim -1.57$	$-1.64 \sim -1.69$
実際の電気化学容量 〔$A \cdot h/kg$〕	1100	1100
実際の消費速度 〔$kg/(A \cdot y)$〕	7.5	7.5

注1) Mg 陽極は，技術評価またはフィールド試験が設計要求に適合する
ことを確認しないかぎり，たとえバックフィル中でも，もしも土壌
抵抗率が $100 \, \Omega \cdot m$ より高いならば用いるべきではない。

注2) もしもアノード電流密度が $200 \, mA/m^2$ よりも低ければ，電流効率
は少なくなる。

表 6.9 Zn 陽極のために用いられる合金の典型的な化学成分[20]

元 素	合金 Z1* 〔質量%〕	合金 Z2** 〔質量%〕	合金 Z3 〔質量%〕
Al	$0.1 \sim 0.5$	0.005 最大	$0.10 \sim 0.20$
Cd	$0.025 \sim 0.07$	0.003 最大	$0.04 \sim 0.06$
Fe	0.005 最大	0.001 4 最大	0.001 4 最大
Cu	0.005 最大	0.002 最大	0.005 最大
Pb	0.006 最大	0.003 最大	0.006 最大
Sn	—	—	0.01 最大
Mg	—	—	0.5 最大
その他	0.10 最大	0.005 最大	0.1 最大
Zn	99.314 最小	99.99 最小	残り

* 合金 Z1 は，通常，US. MIL-A-18001-K-93 または ASTM
B418-12, タイプ I に従って供給される。

** 合金 Z2 は，しばしば "高純度亜鉛" と称され，通常，ASTM
B418-12[X], タイプ II に従って供給される。

注意点：炭酸塩，重炭酸塩，または硝酸塩がかなり多い環境において，Zn
の電位は不働態皮膜の存在により，非常にプラス寄りの値になる。この
ことは，Zn 陽極効率を低下させうる。この現象は，もしも電解質が硫
酸塩または塩化物を含むならば出現しない。

表 6.10 土壌中で用いられる Zn 陽極の典型的な電気化学の値[20]

電気化学数値	Zn 陽極
開回路電位 $[V_{CSE}]$	$-1.05 \sim -1.10$
閉回路電位 $[V_{CSE}]$	$-1.00 \sim -1.05$
実際の電気化学容量 $[(A \cdot h)/kg]$	780
実際の消費速度 $[kg/(A \cdot y)]$	11.2

　Zn 陽極は，技術評価またはフィールド試験が設計要求に適合することを確認しないかぎり，たとえバックフィル中でも，土壌抵抗率が $50\,\Omega \cdot m$ より高いならば用いるべきではない。

6.5.2 外部電源システム

〔1〕　**システムの仕組み**　　外部電源システムとは，**図 6.17** に示すように，土壌中に設置した電極（外部電源アノード，以下アノードと称する）と防食対象パイプラインに変圧器/整流器から電線を通じて電圧を印加し，アノードから土壌を介してパイプラインに直流電流を流入させて，パイプラインの腐食速度を低下させるカソード防食方式を指す。この方式は，調整可能な最大 60 V までの大きな電圧を印加することが可能であるため，防食対象パイプラインの環境の電気抵抗率，コーティングの状態などに応じた電気防食電流の供給が可能である点が，大きな利点である。また，外部電源方式は，パイプラインがレール漏れ電流などの影響を受けていても，防食電流の設定値を制御することが可能であるという利点を有する。

　アノードは，アノード反応に対して容易に溶解しないタイプの材料が用いられる。アノード反応は，下式に示すように水の分解反応による酸素ガスの発生とアノード近傍の酸性化，または溶解した塩化物イオンの酸化反応による塩素ガスの発生を含む。アノード表面で発生した酸素ガスと塩素ガスはアノード反応に対する抵抗体となり，アノードからの出力電流が小さくなる。

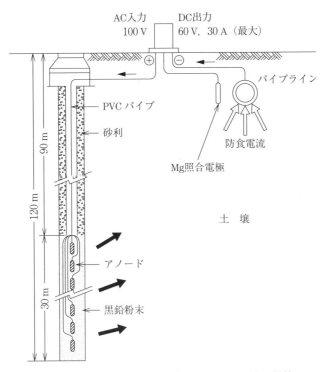

図 6.17 流電陽極システムと外部電源システムとの比較

$$H_2O \rightarrow \frac{1}{2}O_2 + 2H^+ + 2e^- \tag{6.10}$$

$$2Cl^- \rightarrow Cl_2 + 2e^- \tag{6.11}$$

また，式 (6.11) のように，アノード表面で発生した塩素ガスは，有毒かつ腐食性であることに注意しなければならない。以上のことから，ガスの通気装置の設置を，場合によっては考慮する必要がある。その場合，ガスの流れる環境への配慮も必要である。

〔2〕 **外部電源アノード**　**表 6.11** は，ISO 15589-1:2015 に記述された土壌中で用いられる外部電源アノードの，典型的な電気化学特性を示したものである。

表 6.11   土壌中で用いられる外部電源アノードの典型的な電気化学特性[20)]

アノード材料	消費速度 〔g/(A·y)〕	アノード電流密度 の典型的な範囲 〔A/m²〕
廃 鋼 材	10000〜12000	1〜5
高珪素鉄合金	250〜1000	10〜30[b]
黒 鉛	500〜1000	2.5〜10[b]
磁 鉄 鉱	2	10〜20[b]
炭素質のバックフィル中の チタン基体混合金属酸化物	a, c	50〜100[b]
炭素質のバックフィル中の 導電性ポリマー	a	0.4[b]

注) 外部電源アノードが炭素質のバックフィルとともに設置されるとき，炭素質のバックフィルの消費速度を考慮することが必要である。一般的に，$900\,g/(A\cdot y)$ から $2000\,g/(A\cdot y)$ で，アノード電流密度の一般的な値は $5\,A/m^2$ である。

a   これらのアノードは，通常，炭素質のバックフィル中に設置される。設計寿命は，一般的に炭素質のバックフィルの消費速度によって決まる。それゆえ，アノードの消費速度は，重要ではない。

b   アノード製造者の推奨最大電流密度に対して，注意を払うべきである。

c   NACE/TM 0108-2008 は，土壌中の活性化されたチタンの試験の推奨を示している。

6.5.3 ハイブリッドシステム

ハイブリッドシステムは，流電陽極システムと外部電源システムの混合から成る。主たる防食電流は，外部電源アノードの出力電流である。外部電源アノードの出力電流は，流電陽極にも流入するので，外部電源方式のカソード防食効率を極力低下させないようにするために，流電陽極は自然電位のマイナス側の材料（例：Mg 基合金）を用い，パイプラインの設定電位との差を小さくすることが必要である。

ハイブリッドシステムの目的は，以下の (1)〜(3) の３点である。

(1)   ある距離のパイプラインの最初の埋設から全線がつながるまで，ある期間を要する場合，埋設したパイプラインから順次流電陽極方式によりカソード防食を施す。これにより，パイプラインの無防食期間をつくらないようにする。

(2)   パイプラインの稼働中において，外部電源システムの落雷などの異常

時や点検時に停止した場合，流電陽極がパイプラインに防食電流を供給する。これにより，パイプラインの無防食状態を避ける。

(3) 特に高抵抗率被覆パイプラインにおいて，パイプラインが交流電気鉄道の開通などの環境変化によって交流電食（交流腐食）リスクが発生した場合，流電陽極は接地抵抗が低いので，流電陽極がアース電極として機能し，交流誘導低減効果をもたらす。

パイプラインがハイブリッドシステムでカソード防食されている場合，すべてのカソード防食電流源を同時にオフにすることはまず不可能なので，パイプラインのインスタントオフ電位を求めることはできない。

6.5.4 流電陽極システムと外部電源システムとの比較

表6.12は，カソード防食技術としての流電陽極システムと外部電源システムとの比較を示したものである。

表6.12 流電陽極システムと外部電源システムとの比較

	流電陽極システム	外部電源システム
適 用 環 境	100 Ω·m より低い抵抗率の土壌または水環境で有効	土壌または水の抵抗率による制限なし。しかし，地下水に海水が含まれていると，外部電源アノードから塩素ガスが発生する場合あり
所要防食電流	目安として1Aよりも小の対象に適用	目安として1A以上の対象に適用
防食対象埋設構造物の規模	小～中	小～大。直流電気鉄道のレール漏れ抵抗の低い踏切近傍部などの埋設パイプラインの腐食対策として，局所的に電気容量の小さい外部電源システムを適用する場合あり
有 効 電 圧	0.2～0.7 V	60 V 以下
電 源	不 要	必要。変圧器整流器（直流電源装置）のプラス極を外部電源アノードに，マイナス極をパイプラインに間違いなく接続することが必要
維持電力費	不 要	必 要
防 爆 対 策	不 要	危険区域に設置する場合，必要。

表6.12 流電陽極システムと外部電源システムとの比較（つづき）

	流電陽極システム	外部電源システム
アノード	Mg基合金，Zn基合金，Al基合金	金属酸化物被覆，高珪素鋳鉄，磁性酸化鉄
バックフィル	石膏，ベントナイト，ぼう硝（硫酸ナトリウム）混合したものなど	コークス，黒鉛など
防食電流の制御	流電陽極からの発生電流の制御は不可能	制御（設定電位または設定クーポン直流電流密度）に保持が可能
他埋設金属体に対する影響	流電陽極は，パイプライン直近に設置されることと，パイプラインの防食電流である，流電陽極からの発生電流が比較的小さいので，ほとんどなし	可能性あり。外部電源アノード近傍部の，他の埋設金属体は直流干渉を受けやすいので，影響度の計測評価が必要。特に高抵抗率土壌に埋設されたパイプラインは注意
維持管理	通常，要求されない。流電陽極の消耗度評価のため，流電陽極の発生電流，接地抵抗の計測が必要	電気設備の連続的な稼働が要求されるため，電気設備の定期点検が必要。必要に応じて外部電源アノードの接地抵抗の計測が必要
維持管理費	パイプラインと流電陽極が直接接続されていれば，不要	必要（電気料金など）
特記事項	直流電気鉄道の踏切近傍部，およびレール漏れ電流の流入区域に埋設されたパイプラインへの流電陽極の直接接続は禁止。このような環境に流電陽極を設置する場合，パイプラインと流電陽極との間に，逆流防止器の設置が必要	他の埋設金属体への干渉を防止するために，① 外部電源アノード出力電流の最小化，② 外部電源アノードと他の埋設金属体との離隔距離の最大化，を図る必要あり。

6.6　カソード防食効果計測例[43), 44)]

ここでは，カソード防食効果計測例として，活性の高い鉄細菌（IB）が生息する砂に埋設された鋼試験片と，活性の高い硫酸塩還元菌（SRB）が生息する粘土に埋設された鋼試験片に，それぞれカソード防食を適用した場合の実験結果を示すことにする。

図6.18 は，活性の高い鉄細菌（IB）が生息する抵抗率 $50\,\Omega\cdot m$, pH 8.10 の砂中に埋設された鋼と，硫酸塩還元菌が 10^5 セル/g-土壌生息する抵抗率 $25\,\Omega\cdot m$,

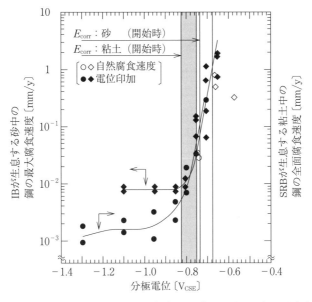

図 6.18　分極電位に対する鉄細菌（IB）が生息する砂中の鋼の最大腐食
速度と硫酸塩還元菌（SRB）が生息する粘土中の鋼の全面腐食速度[43), 44)]

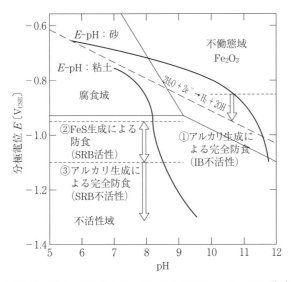

図 6.19　砂中の鋼と粘土中の鋼の分極電位と pH との関係[43), 44)]

pH 7.20 の粘土に埋設された鋼の，自然腐食とカソード防食実験結果を示した
ものである。鋼の表面積は 7.1 cm^2，実験期間は 90 日であった。**図 6.19** は，
砂中の鋼と粘土中の鋼の，分極電位と pH との関係を示したものである。ここ
で，pH は実験終了時の鋼/土壌界面の値である。

6.6.1　鉄細菌（IB）生息下でのカソード防食効果

　鉄細菌（IB）の活性が高い砂中の鋼の自然腐食は，局部腐食の様相を呈した
ので最大腐食速度で表記することにした。その値は，0.32〜0.78 mm/y であ
り，自然腐食速度レベルとしては大きいと見なされる。通常土壌中の鋼の防食
電位である − 0.85 V$_{CSE}$ よりもマイナスのカソード分極電位を鋼に印加すると，
最大腐食速度は 0.01 mm/y 未満となり，許容腐食レベルとなった。

6.6.2　硫酸塩還元菌（SRB）生息下でのカソード防食効果

　硫酸塩還元菌（SRB）が生息する粘土中の鋼の自然腐食は，全面腐食の様相
を呈したので全面腐食速度で表記することにした。その値は 0.01 mm/y より
大きい 0.029〜0.034 mm/y であった。鋼にカソード分極電位を印加すると，
電位がよりマイナスなほど腐食は抑制され，高活性の SRB 生息土壌中の鋼の
防食電位である − 0.95 V$_{CSE}$ よりもマイナスになると pH ＞ 8 となり，全面腐
食速度は 0.01 mm/y より小さい 0.002 mm/y 未満で，許容腐食レベルとなっ
た。

6.6.3　鉄細菌（IB）生息下でのカソード防食達成のメカニズム

　鋼の防食電位である − 0.85 V$_{CSE}$ よりもマイナスの分極電位保持のカソード
防食により，鋼/土壌界面は pH ＞ 10 となり，鋼の最大腐食速度は 0.01 mm/y
より小さくなった。溶存酸素の消費反応により OH$^-$ が生成することで鋼/土壌
界面がアルカリ性になって鉄細菌の活性が低下し，鋼が不働態域に存在するこ
とでカソード防食が達成されたと考えられる。図 6.18 が示すように，− 0.85
V$_{CSE}$ は不働態域にある。

6.6.4 硫酸塩還元菌（SRB）生息下でのカソード防食達成のメカニズム

$-0.95 \sim -1.1\,\mathrm{V_{CSE}}$ のカソード分極電位範囲において，カソード分極電位の印加に対して，pH は 8.2 から 8.5 とわずかな上昇であった。カソード反応が進行すれば，OH^- が生成するため，鋼/土壌界面はアルカリ性になることが予測される。しかしながら，pH が高くならなかったのは，以下の (1) と (2) によると考えられる。

(1) 鋼表面に緻密な層が存在しないため，OH^- がバルク（沖合）に泳動する。

(2) 乳酸の存在は確認していないが，SRB が生息する粘土に乳酸が含有される場合が多い。電子供与体が乳酸でこれが酸化される場合，式 (6.12) に示すように電子受容体として CO_2 が生成される。CO_2 の土壌水への溶解によって H^+ が生じ，カソード反応で生成した OH^- と結合する。以上の CO_2 の土壌水への溶解による H^+ の生成反応は，式 (6.13) から式 (6.15) で与えられる。

$$\frac{1}{2}SO_4^{2-} + \frac{1}{3}CH_3CHOHCOOH \rightarrow CO_2 + H_2O + \frac{1}{2}S^{2-} \tag{6.12}$$

$$CO_2 + H_2O \rightarrow H_2CO_3 \tag{6.13}$$

$$H_2CO_3 \rightarrow H^+ + HCO_3^- \tag{6.14}$$

$$HCO_3^- \rightarrow H^+ + CO_3^{2-} \tag{6.15}$$

pH 変化が小さくなり始める $-0.95\,\mathrm{V_{CSE}}$ は，pH 緩衝開始電位といえる。$-0.95 \sim -1.1\,\mathrm{V_{CSE}}$ のカソード分極電位範囲は，水素発生のカソード反応（$2H_2O + 2e^- \rightarrow H_2 + 2OH^-$）よりマイナスなので，熱力学的には H_2 発生の可能性があり，H_2 が式 (6.16) によって SRB に利用されて FeS が生成することも十分考えられる。

$$SO_4^{2-} + 4H_2 \rightarrow S^{2-} + 4H_2O \tag{6.16}$$

乳酸は SRB によって消費されるのみで外部から供給されないことから，式 (6.12) で生成する CO_2 量は経時的に減少する。式 (6.11) の反応速度は遅いことから，カソード反応で生成する OH^- と反応する H^+ 量が減少し，pH が上昇

する。$-1.1\,V_{CSE}$ よりもマイナス寄りの分極電位になると，カソード反応で生成する OH^- 量が H^+ 量を上まることになり，溶解度積の小さい $Fe(OH)_2$ や $FeCO_3$ の生成により OH^- の鋼/土壌界面からバルクへの泳動が妨げられ，これにより OH^- が蓄積されて界面はアルカリ性になり，鋼は不活性域に持ち込まれることによって防食が達成されると考えられる。

しかしながら，嫌気性環境から好気性環境に変化すると，硫黄酸化細菌の活動によって硫化鉄が硫酸になり，腐食速度が大きくなる可能性がある。高活性の SRB 生息土壌中の鋼の防食電位である $-0.95\,V_{CSE}$ は，pH 変化が小さくなり始める pH 緩衝開始電位であることから，十分な OH^- 量による完全なカソード防食とするため，pH が 8.5 より高い $-1.1\,V_{CSE}$ よりもマイナスのカソード分極電位に保持する必要がある。

コラム：カソード腐食のあれこれ ―カソード防食の社会的信頼性の獲得―

1933 年，Kuhn が提案した防食電位約 $-0.85\,V_{CSE}$ 当初，カソード（cathode）防食は，煙に巻くように腐食を防ぐように設計された，ブラックボックスの宗教の魔法を人々に与える "catholic, キリスト教" としてしばしば間違えて綴られた[45]。カソード防食が社会的信頼性を獲得したのは，カソード防食基準が明確に規定され，かつ科学的に正当化されたことによる。このカソード防食基準により，分極しない飽和硫酸銅電極および防食電流を少なくするアスファルト塗覆装などのカソード防食が，経済発展とともに延伸したパイプラインに対する腐食防止技術として，急速に普及することになった。現在，カソード防食とコーティングの併用が最も信頼性の防食技術であることは，世界中の技術者の共通認識となっている。

【質問 6.1】 カソード防食の現象は，なにをもって確認できるか？

[回答] カソード防食適用前の管対地電位から，カソード防食適用後カソード分極したかどうかで確認できる。カソード分極は，*IR* ドロップを除く管対地電位のマイナス方向へのシフト現象である。

【質問 6.2】　カソード防食の効果の判定は，なにをもってなされるか？

　［回答］　カソード防食の効果の判定は，カソード防食適用後，*IR* ドロップを除く
インスタントオフ電位が防食電位基準に合格しているか否か，交流腐食防止基準に
合格しているか否かによってなされる。また，カソード防食の効果の判定は，鋼表
面がアルカリ性でかつ腐食速度が 0.01 mm/y 未満であるか否かによって確認できる。
しかしながら，パイプラインは地中に埋設されているので，鋼表面状態の確認は通
常不可能である。地上で計測されるインスタントオフ電位とクーポン直流・交流電
流密度の値が，カソード防食効果の判定の頼みの綱といえる。

【質問 6.3】　カソード防食システムは常時稼働していなければならないの
か？

　［回答］　図 6.8 が示すように，クーポンをパイプラインから切り離すと，すなわち
クーポンがカソード防食状態でないと，クーポンは自然電位に戻ろうとして復極す
る。同じ考えで，パイプラインがカソード防食状態でない時間が長いほど，一般に
管対地電位は復極しつづけ，プラス側の値を示す。この状態にしないために，カソー
ド防食システムは常時稼働していなければならないのである。

引用・参考文献

1)　R.B. Mears and R.H. Brown："A Theory of Cathodic Protection", Journal of
　　Electrochemical Society, **74**, pp.519〜531（1938）
2)　R. Burns and W. Bradley："Protective Coatings for Metals", 3rd ed., pp.104〜106,
　　Reinhold, New York（1967）
3)　I.A. Denison："Contribution of Sir Humphry Davy to Cathodic Protection",
　　Corrosion, **3**, pp 295〜298（1947）
4)　経済産業省："平成 27 年度天然ガス高度利用基盤調査　天然ガスパイプライン
　　整備方針の検討に向けた調査報告書"（2015）
5)　J.L.R. Hayden："Alternating-current Electrolysis", The 215th Meeting of the
　　American Institute of Electrical Engineers, pp.201〜229（1907）

6) American Committee on Electrolysis : "Report of the American Committee on Electrolysis" (1921)

7) R.H. Pope : "Beginnings of corrosion prevention", Corrosion, **10**, p.259 (1954)

8) W. Lynes : "Some historical developments relating to corrosion", Journal of Electrochemical Society, **98**, pp.3c〜10c (1951)

9) B. McCollum and G.H. Ahlbom : "Methods of Making Electrolysis Surveys", Technologic Paper of the Bureau of Standards, **28**, p.22 (1916)

10) 堀岡正家，岩佐茂作，京極高男 : " 瓦斯鐵管等地中埋設金属体の電解腐食防止 に就て ", 帝國瓦斯協会雑誌，**23** 巻，第 3 号，pp.24〜42 (1934)

11) NACE International : "Technical Report on the Application and Interpretation of Data from External Coupons Used in the Evaluation of Cathodically Protected Metallic Structures", Item No.24213, p.1 (2001)

12) R.J. Kuhn : "Cathodic Protection of Underground Pipe Lines from Soil Corrosion", API Proceedings [Ⅳ], **14**, Section 4, November 14, pp.153〜167 (1933)

13) 電蝕防止研究委員会 : " 電蝕防止操典 "，昭文社 (1933)

14) 日本鋼管株式会社 瓦斯営業部 : " 瓦斯導管建設工事 30 年の歴史 " (1981)

15) 日本防蝕工業株式会社 : " さび "，**73**，2 (1976)

16) W.J. Schwedtfeger and O.N. McDorman : "Potential and Current Requirements for the Cathodic Protection of Steel in Soils", Journal of Research of the National Bureau of Standards, **47**, 2, pp.104〜112 (1951)

17) J. Horváth and M. Novák : "Potential/pH Equilibrium Diagrams of Some Me–S–H$_2$O Ternary Systems and Their Interpretation from the Point of View of Metallic Corrosion", Corrosion Science, **4**, pp.159〜178 (1964)

18) DIN EN 12954 : "General principles and application for pipelines" (2001)

19) ISO 15589-1:2003 : "Petroleum and natural gas industries —Cathodic protection of pipeline transportation systems —Part 1: On-land pipelines" (2003)

20) ISO 15589-1:2015 : "Petroleum, petrochemical and natural gas industries —Cathodic protection of pipeline systems —Part 1: On-land pipelines" (2015)

21) ISO 18086:2015 : "Corrosion of metals and alloys —Determination of AC corrosion —Protection criteria" (2015)

22) ISO 18086:2019 : "Corrosion of metals and alloys —Determination of AC corrosion —Protection criteria" (2019)

23) ISO 22426:2020 : "Assessment of the effectiveness of cathodic protection based on coupon measurements" (2020)

24)　島尾永康："ファラデー", 岩波書店 (2000)

25)　M. Lewis："How 'Vagrant Current' Became Impressed Current Cathodic Protection —Part 2", Materials Performance, **47**, 12, p.35 (2008)

26)　S. Thayer："Development and application of a practical method of electrical protection for pipe lines against soil corrosion", Proc. Am. Petroleum Inst. [Ⅳ] 14, p.23 (1933)

27)　M. Romanoff："Underground Corrosion", National Bureau of Standards Circular 579 (1957)

28)　O. Krohnke, E. Maas and W. Beck："Die Korrosion", Band 1, Verlag von S. Hirzel, Leipzig (1929)

29)　R.M. Lawall："A Cooperative approach to Electrolysis problems", NACE annual meeting (1948)

30)　L.F. Schere："Cooperative Problems in Cathodic Protection", Oil Gas J, **38**, 37, 179 (1939)

31)　American Gas Association："Report of The Corrosion Committee, Survey of Corrosion Mitigation Practices on Underground Gas Pipe" (1953)

32)　梶山文夫:"カソード防食された土壌埋設コーティングパイプラインの交流腐食 —海外の事例解析も織り込みながら—", 防錆管理, **49**, 8, pp.294〜302 (2005)

33)　ISO 12473："General principles of cathodic protection in sea water" (2006)

34)　J. Schwerdtfeger："Current and Potential Relations for the Cathodic Protection of Steel in a High Resistivity Environment", Journal of Research of the National Bureau of Standards —C. Engineering and Instrumentation, **63C**, 1, pp.37〜45 (1959)

35)　NACE SP0104-2014 Item No.21105, Standard Practice："The Use of Coupons for Cathodic Protection Monitoring Applications", NACE International (2014)

36)　S.P. Ewing："Potential Measurements for Determining Cathodic Protection Requirements", Corrosion, **7**, 12, pp.410〜418 (1951)

37)　F. Kajiyama and Y. Nakamura："Development of an Advanced Instrumentation for Assessing the AC Corrosion Risk of Buried Pipelines", NACE Corrosion 2010, Paper No.10104 (2010)

38)　F. Kajiyama："Pipeline AC Corrosion Risk Measurement and Evaluation Method and Measurement and Evaluation Device", European Patent Specification, EP 2 799 850 B1 (2012)

39)　A. Junker, L.V. Nielsen and P. Møller："AC Corrosion and the Pourbaix Diagram",

CEOCOR 2018, Paper 2018-30 (2018)

40) M. Büchler : "Cathodic Protection Criteria : The Mechanism of Cathodic Protection and Its Implications on the Assessment of Effectiveness of CP", NACE East Asia & Pacific Area Conference (2019)

41) H.H. Uhlig and R.W. Revie : "Corrosion and Corrosion Control, An Introduction to Corrosion Science and Engineering", 3rd ed, John Willey & Sons, p.218 (1985)

42) A.W. Peabody : "Peabody's Control of Pipeline Corrosion", NACE International The Corrosion Society, 2nd ed. (2001)

43) F. Kajiyama and K. Okamura : "Evaluating Cathodic Protection Reliability on Steel Pipe in Microbially Active Soils", Corrosion, **55**, 1, pp.74~80 (1999)

44) F. Kajiyama : "Achievement of Cathodic Protection of Buried Steel Pipelines by Either Passivity or Immunity", NACE Corrosion 2017, Paper No.8829 (2017)

45) K.R. Larsen : "Key Innovations Over the Past 75 Years Pave the Way for Today's Successful Corrosion Mitigation", Materials Performance, No.9, A30 (2018)

用語とその定義

以下に本書でよく登場するパイプラインの腐食防食の用語とその定義を記す。

IR ドロップ（*IR* drop）6.3.3 項
カソード防食回路を流れるすべての電流と電流通路の抵抗との積である電圧。この電圧は，オームの法則に従う。

IR フリー電位（*IR*-free potential）6.3.4 項
防食電流またはいかなる他の電流による *IR* ドロップに起因する電圧誤差のない管対電解質電位。**分極電位**（polarized potential）とも称される。

アノード（anode）1.3 節
酸化が起こる電極または金属の場所（サイト）。腐食システムにおいては，腐食反応が起こる。
注）　酸化は必ずしも酸素を伴わない。

イオン伝導体（ion conductor）1.3 節
電流の担い手がイオンの伝導体。例として土壌や海水のような電解質が挙げられる。

異種金属接触マクロセル腐食（dissimilar metals macro-cell corrosion）4.1.2 項
電解質中の 2 種類の金属が接触することによって，腐食電位のよりマイナス側の金属が腐食する現象。

インスタントオフ電位（instant-off potential）4.6 節
できるだけ *IR* フリー電位（*IR* ドロップにない電位）に近づけるために遮断後短い時間で計測されるオフ電位。
注）　パイプラインに対してすべてのカソード防食電流源を同時に遮断する場合，
　　　遮断直後の電圧スパイクの影響を避けるため，遮断後約 300 ms が必要である。
　　　クーポンに対しては，より短い時間が用いられる。

オン電位（on potential）4.6 節
カソード防食システムが連続的に稼働している間に計測される管対電解質電位。クーポンを用いている場合，クーポンオン電位と称する。

開回路電位（open-circuit potential）1.4.1 項

照合電極または電流の流出入のない他の電極に対して計測される電極の電位。腐食電位，自然電位とも称される。

外部電源アノード（impressed-current anode）6.5.2 項

印加された直流電圧によってカソード防食のための電流を供給する電極。カソード防食法の外部電源カソード防食システムにおけるアノードである。

カソード（cathode）1.3 節

還元が起こる電極または金属の場所（サイト）。防食反応が起こる。

カソード分極（cathodic polarization）6 章

電極と電解質との間の電流の流れに起因して起こる電極電位のマイナス方向への変化。

カソード防食（cathodic protection）6 章

電極を用いることにより金属の腐食防止を図る電気化学的方法を用いた技術。腐食防止を図る金属をカソード，これと対の電極をアノードにする。カソード防食は，外部電源システムまたは流電陽極システムによって得られる。

過分極（overpolarization）6.3.4 項

カソード防食対象に対し，過度のカソード電流が流入した状態。

ガルバニック腐食（galvanic corrosion）1.3 節

腐食電池の作用によって進行する腐食。ガルバニック腐食は，しばしば 2 種の金属から成る腐食電池の作用によって進行する腐食に限定される。

還　元（reduction）1.2 節

一つ以上の電子を獲得し，原子または分子が生成する現象。還元の結果，マイナス電荷を帯びたイオンまたは中性原子が生成する。

干　渉（interference）2 章

他の電気源に起因してパイプラインの腐食リスクが高くなる現象。電気源が直流の場合，**直流干渉**（d.c.interference），電気源が交流の場合，**交流干渉**（a.c.interference）と称する。

管対地電位（pipe-to-soil potential）1.4.1 項

照合電極に対するパイプライン（配管など）の電位。実際は，直流電圧計のマイナス端子を照合電極に，プラス端子をパイプラインに接続したときの直流電圧計の値を指す。

強制排流法（forced drainage bond method）2.10 節

パイプラインとレールとを直流電源装置を介して電気的に接続し，直流電源装置のプラス極をレールに，マイナス極をパイプラインに結線することにより，パイプラインからレールの方向に常時排流し，パイプラインの直流電食防止と自然腐食防

止を図る方法。

局部腐食（localized corrosion）4.1 節

アノードとカソードの場所が固定して進行する腐食。

クーポン（coupon）3.6 節

パイプラインの金属と等価な金属から成る寸法が決められた金属サンプル。腐食の程度または適用されたカソード防食の効果を定量化するために用いられる。

交流腐食（AC corrosion）3 章

埋設金属体近傍の高圧交流送電線かつ/または交流電気鉄道の運行に起因して，高圧交流送電線や交流電気鉄道の運行周波数で進行する埋設パイプラインの腐食。

交流誘導低減器（DC decoupling device）3.10 節

交流に対して低いインピーダンス経路を，直流に対して高い抵抗を供給する装置。パイプラインの交流腐食対策として用いられる。

コーティング（coating）3 章

環境と隔絶するために構造物に適用される絶縁材料。

コーティング欠陥（coating defect）3.8.4 項

コーティングにおける欠陥で，コーティングにおいて連続性のない部位を指す。**ホリディ**（holiday）とも称する。

黒鉛化腐食（graphitic corrosion）4.2.2 項

鉄のみが腐食し，黒鉛が残る鋳鉄に固有の腐食。選択腐食の一種であり，片状黒鉛鋳鉄および球状黒鉛鋳鉄のどちらにも起こる腐食。

コンクリート/土壌マクロセル腐食（concrete/soil macro-cell）4.1.1 項

鋼製パイプラインがコンクリート中と土壌中に跨がっている場合，コンクリート中の鋼製パイプラインの電位が $-0.2\,V_{CSE}$ であるのに対し，土壌中の鋼製パイプラインの電位が $-0.5 \sim -0.8\,V_{CSE}$ であるためその差が腐食の駆動力になり，コンクリート中の鋼製パイプラインがカソード，土壌中の鋼製パイプラインがアノードとなり腐食する現象。

酸　化（oxidation）1.2 節

原子または分子から一つ以上の電子が失われる現象。酸化の結果，プラス電荷を帯びたイオンが生成する。

酸化還元電位（redox potential）5.6 節

電解質に接触して設置された照合電極に対する白金電極の電位。シンボルは Eh で，標準水素電極（SHE または NHE）に対して表示する。単位は，V_{SHE}，または mV_{SHE} で表記され，Eh が大きいほど白金電極近傍の環境が好気性であることを意味する。

自然腐食（free corrosion）4章
電解質中の電子伝導体として連続な金属が，金属内で形成される腐食電池によって起こる腐食。

自然電位（natural potential）1.4.1項
自然腐食の金属の照合電極に対する電位差。腐食電位，回路電位と同義語。

照合電極（reference electrode）1.4.1項
電極電位の計測に際し，比較として用いられる安定かつ再現性のある電位を有する電極。土壌に埋設された管対電解質電位を計測するため，照合電極として飽和硫酸銅電極が用いられる。

選択排流法（unidirectional drainage bond method）2.10.4項
パイプラインとレールとをダイオードを介して電気的に接続し，パイプラインに流入した直流迷走電流に起因するパイプラインの直流電食を防止する方法。

選択腐食（selective corrosion）4.2節
合金成分のうち一成分だけが選択的に溶出して抜け去っていく腐食。

全面腐食（uniform corrosion）4.3節
表面全体がほとんど同じ速度で進行する腐食。

脱亜鉛腐食（dezincification corrosion）4.2.2項
銅‒亜鉛系合金において，合金中の亜鉛成分が溶出して抜け去さっていく腐食。

電　圧（voltage）2.5節
起電力または電極電位差。単位は，Vまたはmvで表記する。電圧は，電位および電位差と同義で用いられる。慣用的に管対地電位，レール対地電圧，レール対地電位という用語が用いられる。

電解質（electrolyte）1.3節
電場で泳動するイオンを含む化学物質。例として土壌および海水が挙げられる。

電気化学（electrochemistry）1.3節
電子の授受反応を伴いながら進行する化学反応を扱う学問分野。腐食とカソード防食は，水溶液または湿った土壌環境において，電荷の移動に関係する電気化学部門に属する。

電気化学的腐食（electrochemical corrosion）1.3節
少なくとも一つのアノード反応と一つのカソード反応を含む腐食。本書における腐食は，電気化学的腐食を指すものとする。

電気化学列（electromotive force series）5.6.2項
すべての金属に対する標準酸化還元電位を，その大きさの順序に配列したもの。

電　極（electrode）1.3 節
電解質に接触するように設置された伝導体。照合電極以外の電極は，電流は電極から電解質へ，または電解質から電極へ流れる。

電子伝導体（electron conductor）1.3 節
電流の担い手が電子の伝導体。例として金属が挙げられる。

電　食（stray-current corrosion）2 章，3 章
広義としては，意図した回路以外の通路を流れる電流である迷走電流による腐食。

標準水素電極（standard hydrogen electrode）5.6 節
1 気圧の水素ガスで飽和され　水素イオンの活量が1の電解質の白金から成る照合電極。$H_2 \leftrightarrow 2H^+ + 2e^-$ に示す水素電極反応の標準電位が，すべての温度において0であると仮定している。

微生物腐食（microbiologically influenced corrosion）5 章
腐食システムに存在する微生物が関わる腐食。

腐　食（corrosion）1.2 節
材料と環境との相互作用の結果として生じる材料の劣化。本書において，材料は金属を指す。

腐食速度（corrosion rate）5.7 節，6.3.4 項
腐食が進行する速度。通常，単位は mm/y（y は year を意味する）で表記する。

腐食電位（corrosion potential）1.4.1 項
土壌中のような電解質中に設置された金属の自然腐食状態における，金属の照合電極に対する電位。**自然電位**または**開回路電位**とも称する。

腐食電池列（galvanic series）1.4.1 項
金属および合金のある環境における照合電極に対する実測値を，その大きさの順序に配列したもの。

分　極（polarization）6 章
電極と電解質との間の電流の流れに起因して起こる管対電解質電位の変化。**アノード分極**と**カソード分極**がある。

分極電位（polarized potential）6.3.4 項
構造物/電解質界面の電位．防食電位は，分極電位である。

変圧器整流器（transformer rectifier）6.5.2 項
交流電圧を要求する値に変え，その後，この値を直流に変える装置。このように得られた直流は，外部電源方式のカソード防食システムの電源として用いられる。

飽和硫酸銅電極（copper sulfate electrode）1.4.1 項
飽和硫酸銅水溶液に浸漬された銅によって構成されるもので，頑強であることか

ら主に土壌中の金属の電位計測に用いられる照合電極。飽和硫酸銅電極を基準に計測された電位の単位は，V_{CSE} または mV_{CSE} と記述される。

防食電位（protection potential）6.3.1 項，6.3.4 項

金属の腐食速度がパイプラインにとって許容可能な管対電解質電位。ISO 15589-1 では，腐食速度が 0.01 mm/y よりも小さい値を示すパイプ対電解質電位としている。

マクロセル腐食（macro-cell corrosion）4.1 節

腐食電池においてアノードとカソードが物理的に分離し，かつ固定して進行する腐食。マクロセル腐食は，カソード面積/アノード面積比，カソード/アノード間距離のいずれか一方，または双方が大きい。

ミクロセル腐食（micro-cell corrosion）4.3 節

同じ金属上で，アノードとカソードが場所を変えながら無数の腐食電池が形成され，ほぼ均一に進行する腐食。

迷走電流（stray current）2 章，3 章

意図した回路以外の通路を流れる電流。

迷走電流腐食（stray-current corrosion）2 章，3 章

迷走電流による腐食。**電食**とも称する。

流電陽極（galvanic anode）6.5.1 項

電解質中のある金属の腐食防止を図るため，この金属より腐食電位がよりマイナス側の電極と接続することにより，カソード防食の電流を供給する電極。**犠牲陽極**とも称する。例として，Mg または Zn が挙げられる。

硫酸塩還元菌（sulfate-reducing bacteria）5.5.1 項

嫌気性かつ中性環境において，硫酸イオンを硫化物イオンに還元する微生物。

レール漏れ電流（rail-leakage current）2 章

電気鉄道システムにおいて，接地されたレールから大地のような電解質に流れる電流。

索　　　　引

―― 著 者 略 歴 ――

1979 年　東京工業大学大学院修士課程修了（金属工学専攻）
1979 年　東京ガス株式会社勤務
1989 年　工学博士（東京工業大学）
2018 年　東京ガスパイプライン株式会社勤務
　　　　　現在に至る

実務に役立つ **腐食防食の基礎と実践**
　　　　　　―土壌埋設パイプライン ISO ポイント解説―
The Fundamentals and Practice of Corrosion and Protection for Practical Use
―Interpretation of ISO Standards on Pipelines Buried in Soils―

© Fumio Kajiyama 2020

2020 年 9 月 18 日　初版第 1 刷発行　　　　　　　　　　　　

検印省略	著　　者	梶　山　文　夫
	発 行 者	株式会社　　コ ロ ナ 社
		代 表 者　　牛 来 真 也
	印 刷 所	新 日 本 印 刷 株 式 会 社
	製 本 所	有限会社　　愛 千 製 本 所

112-0011　東京都文京区千石 4-46-10
発 行 所　株式会社　コ ロ ナ 社
CORONA PUBLISHING CO., LTD.
Tokyo Japan
振替00140-8-14844・電話(03)3941-3131(代)
ホームページ　https://www.coronasha.co.jp

ISBN　978-4-339-04667-0　C3053　Printed in Japan　　　　（金）